Transport

최신판

양재호의
화물운송종사
자격시험

과목별 핵심이론 + 주요 기출문제

교통공학박사 **양재호** 著

- 100% 기출문제로만 구성
- 과목별 핵심이론 및 기출 모의고사 수록
- 각 문제별 명료한 해설 첨부
- 실시간 응답형 카페 운영

무료 영상강의

인터넷 카페

TranBooks

이 책의 특징

화물운송종사자격시험은 문제은행 시험으로, 전체 문제가 정해져 있고 그중에서 무작위로 출제됩니다. 따라서 **기출문제를 어떻게 공부하느냐**가 최대의 관건입니다.

저자가 직접 책을 사서 공부를 해보고, 시험을 치르면서 느낀 점은 **현재 시중에 나와 있는 문제집들은 정작 중요한 기출문제가 아닌** 자체적으로 만든 모의 예상문제들로만 구성되다 보니 막상 시험장에 가서 문제를 마주하게 되면 공부한 문제가 하나도 안보이더라는 것입니다. 게다가 **너무 많은 이론내용을 포함**하고 있어 일일이 읽다보면 모의문제를 풀기도 전에 지치게 되는 따분한 편집형식을 고집하고 있었습니다.

이러한 문제점을 극복하고 **자격시험을 한 번에 통과하기 위한 최적화된 책이 필요하다**고 생각하여 이 책을 쓰게 되었습니다.

이 책은 기출문제를 토대로 한 실전문제로 이루어져 있어 출제유형을 제대로 파악할 수 있습니다. 간략한 해설을 앞에서 문장형식으로 제공하고 있으므로 한번 쭉 읽어보고 바로 문제풀이에 들어가시는 방식으로 공부하시면 됩니다. 문제마다 간단하고 명쾌한 해설을 달아서 문제만 읽는 그 자체로도 공부가 되도록 하였으며 따분한 이론 설명은 과감히 삭제하였습니다.

유튜브 무료 동영상 강의와 병행하여 학습하신다면 충분히 합격 가능합니다.

유튜브 검색 "양재호의 도시교통" - 화물운송종사자격시험

https://youtu.be/rNnESkRmy-s

자격시험 카페도 운영되고 있습니다. 학습 중 궁금한 점이나 접수방법 등 세부적인 사항까지 질문답변게시판을 통해 많은 분들이 함께 답변해드리고 있습니다.
www.truckbustaxi.com

저자의 글

화물운송종사자격시험 수험서는 공학적인 내용을 전달하여야 할 뿐만 아니라 법규, 서비스 분야를 아우르는 다양한 지식을 가지고 있어야 쓸 수 있는 책이기에 처음 집필을 시작할 때부터 어려운 과정의 연속이었습니다.

그렇지만 하나하나 연구하고 채워나가며 책을 쓰는 동안 이 책을 공부하게 될 운수종사자 여러분의 모습이 점점 또렷이 머릿속에 그려지는 것을 느끼게 되었고, 그러한 모습을 바탕으로 보다 쉽고 빠르게 독자분들이 이 책의 내용을 이해하는 방법이 없을까를 계속적으로 고민하게 되었습니다.

그러한 인고의 과정에서 나온 책이기에 어떤 책보다 더 애정이 가고 관심이 가는 책이 바로 이 책입니다.

아무쪼록 이 책을 학습하는 모든 분들이 큰 어려움 없이 쉽게 자격증을 취득할 수 있었으면 하는 바람 간절합니다.

짧은 주기를 가지고 지속적으로 업데이트하면서 늘 최신의 상태를 유지하여 대한민국 최고의 화물운송종사 자격시험 수험서로 자리매김할 수 있도록 관리하겠습니다.

이 글을 읽는 여러분의 합격을 기원합니다.

감사합니다.

저자 교통공학박사
양 재 호

1. 화물운송종사 자격증 소개

화물운송종사 자격시험이란?
화물자동차 운전자의 전문성 확보를 통해 운송서비스 개선, 안전운행 및 화물운송업의 건전한 육성을 도모하기 위해 '04.7.21부터 한국교통안전공단이 국토교통부로부터 사업을 위탁받아 화물운송종사 자격시험을 시행, 화물운송 자격시험 제도를 도입하여 화물종사자의 자질을 향상시키고 과실로 인한 교통사고를 최소화시키기 위한 시험

■ **자격증 취득 방법**
※ 1단계는 ❶❷❸❹조건이 모두 충족된 경우에만 응시가 가능

단계	구분	내용
1단계	자격요건 확인	❶ 만 20세 이상
		❷ 아래 요건 2가지 중 하나만 해당되면 응시가능 ① 운전면허 1종 또는 2종면허(소형 제외) 이상 소지자로 운전면허 보유(소유)기간이 만 2년(일, 면허취득일 기준, 운전면허 정지 기간과 취소 기간은 제외)이 경과한 사람 ② 운전면허 1종 또는 2종면허(소형 제외) 이상 소지자로 사업용(영업용 노란색 번호) 운전경력이 1년 이상인 사람 운전면허 1종면허(소형 제외)를 소지하고 있으나 취득일이 만 2년이 안되는 경우임
		❸ 운전적성정밀검사 규정에 따른 신규검사 기준에 적합한 분(시험일 기준)
		❹ 화물자동차운수사업법 제9조의 결격사유에 해당하지 않는 분 [결격사유] ① 화물자동차운수사업법을 위반하여 징역이상의 실형을 선고받고 그 집행이 끝나거나(집행이 끝난 것으로 보는 경우를 포함한다) 집행이 면제된 날부터 2년이 지나지 아니한 자 ② 화물자동차운수사업법의 규정에 따라 화물운송종사 자격이 취소된 날부터 2년이 경과되지 아니한 자 ③ 화물자동차운수사업법을 위반하여 징역이상의 형의 집행유예를 선고받고 그 유예기간 중에 있는 자 ④ 자격시험일 전 또는 교통안전체험교육일 전 5년간 다음 각 목의 어느 하나에 해당하는 사람(2017.7.18. 이후 발생한 건만 해당됨)

단계	구분	내용
1단계	자격요건 확인	가. 「도로교통법」 제93조제1항제1호부터 제4호까지에 해당하여 운전면허가 취소된 사람 나. 「도로교통법」 제43조를 위반하여 운전면허를 받지 아니하거나 운전면허의 효력이 정지된 상태로 같은 법 제2조제21호에 따른 자동차등을 운전하여 벌금형 이상의 형을 선고받거나 같은 법 제93조제1항제19호에 따라 운전면허가 취소된 사람 다. 운전 중 고의 또는 과실로 3명 이상이 사망(사고발생일부터 30일 이내에 사망한 경우를 포함한다)하거나 20명 이상의 사상자가 발생한 교통사고를 일으켜 「도로교통법」 제93조제1항제10호에 따라 운전면허가 취소된 사람 ⑤ 자격시험일 전 또는 교통안전체험교육일 전 3년간 「도로교통법」 제93조제1항제5호 및 제5호의2에 해당하여 운전면허가 취소된 사람(2017.7.18. 이후 발생한 건만 해당됨)

2단계	운전적성 정밀검사	❶ 전국 한국교통안전공단 15개 지역에서 시행
		❷ 날짜와 장소 예약 후 방문하여 검사
		❸ 예약방법
		  1) 전화 : 1577-0990
		  2) 인터넷 : 한국교통안전공단 > 사업소개 > 운전적성정밀검사
		❹ 유효기간 : 3년
		  1) 3년 미경과자는 기존의 검사결과 사용 가능
		  2) 3년 경과자는 경과 기간 내에 사업용 운전경력이 있고, 무사고인 경우 면제
		❺ 준비물 : 수수료 23,000원, 운전면허증, 안경(필요시)

3단계	시험접수	인터넷 접수 : https://lic.kotsa.or.kr 방문접수 : 전국 15개 시험장(다만, 현장 방문접수시에는 응시인원 충족 등으로 당일 시험응시가 불가할 수 있으니 가급적 인터넷 접수 활용) 준비물 : 수수료 11,500원, 운전면허증, 6개월 이내 촬영한 3.5×4.5cm 칼라사진 2장(인터넷 접수시 JPEG로 사진을 등록하신 분은 별도로 준비할 필요없음) ※ 응시 1일전까지 취소 가능
4단계	시험응시	장소 : 각 지역본부 시험장(접수시 본인이 선택한 장소, 시작 20분전까지 입실) 과목 : 교통 및 화물 관련 법규(25문항), 화물 취급 요령(15문항), 안전운행(25문항), 운송서비스(15문항) - 총 80문항, 80분 ※ 문항당 1.25점 총 100점 만점 중60점 이상(48문항) 합격
5단계	합격자 발표	컴퓨터시험(CBT) : 현장에서 바로 확인가능
6단계	합격자 교육	합격자 온라인 교육 (합격자(총점 60%이상)에 한해 별도 안내) ※ 교육수수료 11,500원
7단계	자격증 교부	화물운송종사 자격시험 필기시험에 합격 후 합격자 교육(8시간)을 모두 수료 ※ 교부수수료 10,000원, 운전면허증(사진 미제출자에 한하여 사진 1매 지참)

목차

01 이론 및 문제해설

1. 교통 및 화물자동차 운수사업 관련 법규 ·················· 9
2. 화물 취급 요령 ·················· 50
3. 안전 운행 ·················· 77
4. 운송서비스 ·················· 116

02 실전모의고사

1. 실전모의고사 1회 ·················· 141
2. 실전모의고사 2회 ·················· 165
3. 실전모의고사 3회 ·················· 190
4. 실전모의고사 4회 ·················· 213

PART 01

이론 및 문제해설

1. 교통 및 화물자동차 운수사업 관련 법규
2. 화물 취급 요령
3. 안전 운행
4. 운송서비스

동영상 강의

인터넷 카페
www.truckbustaxi.com

1. 교통 및 화물자동차 운수사업 관련 법규

도로교통법

01. 안전지대란 도로를 횡단하는 보행자나 통행하는 차마의 안전을 위하여 안전표지나 이와 비슷한 인공구조물로 표시한 도로의 부분을 말한다.

02. 차로란 차마가 한 줄로 도로의 정하여진 부분을 통행하도록 차선으로 구분한 차도의 부분을 말한다.

03. 자동차전용도로란 자동차만 다닐 수 있도록 설치된 도로를 말한다.

04. 군부대 내 도로는 불특정 다수의 사람 또는 차마가 통행할 수 있도록 공개된 장소가 아니므로 도로라 할 수 없다.

05. 건설기계관리법에 따른 자동차는 덤프트럭, 아스팔트살포기, 노상안정기, 콘크리트믹서트럭, 콘크리트펌프, 천공기(트럭 적재식), 콘크리트믹서트레일러, 아스팔트콘크리트재생기, 도로보수트럭, 3톤 미만의 지게차 등이다.

06. 녹색등화의 점멸 시에 보행자는 횡단을 시작하여서는 아니 되고, 횡단하고 있는 보행자는 신속하게 횡단을 완료하거나 그 횡단을 중지하고 보도로 되돌아와야 한다.

07. 안전표지란 교통안전에 필요한 주의, 규제, 지시 등을 표시하는 표지판이나, 도로의 바닥에 표시하는 기호, 문자 또는 선 등의 노면표시를 말한다.
권장표지는 안전표지의 종류가 아니다.

08. 서행표지는 규제표지의 일종이다.

09. 자동차 및 원동기장치자전거 운전자는 같은 방향으로 가고 있는 자전거 옆을 지날 때에는 그 자전거와의 충돌을 피할 수 있도록 거리를 확보하여야 한다.

10. 최고속도의 100분의 50을 줄인 속도로 운행하여야 하는 경우
    • 폭우·폭설·안개 등으로 가시거리가 100미터 이내인 경우

- 노면이 얼어붙은 경우
- 눈이 20밀리미터 이상 쌓인 경우

11. 최고속도의 100분의 20을 줄인 속도로 운행하여야 하는 경우
    - 노면이 젖어있는 경우
    - 눈이 20밀리미터 미만 쌓인 경우

12. 비탈길의 고갯마루, 가파른 비탈길의 내리막, 도로가 구부러진 부근 등은 서행 또는 일시정지하여야 할 대표적인 장소이다.
    중앙선 노면표시 도색은 서행 또는 일시정지와 큰 관계가 없다.

13. 일시정지란 반드시 차가 멈추어야 하되, 얼마간의 시간 동안 일시적으로 정지상태를 유지해야 하는 교통상황을 의미한다.

14. 교차로나 그 부근에 긴급자동차가 접근하는 경우에는 교차로를 피하여 도로의 우측 가장자리에 일시정지하여야 한다.

15. 우회전이나 좌회전을 위해서는 손, 방향지시기, 등화로써 신호를 하여야 한다.

16. 도로교통법 시행규칙 별표 18 운전할 수 있는 차의 종류
    제1종 보통면허로 운전할 수 있는 차의 종류
    - 승용자동차
    - 승차정원 15인 이하의 승합자동차
    - 승차정원 12인 이하의 긴급자동차(승용 및 승합자동차에 한정한다.)
    - 적재중량 12톤 미만의 화물자동차
    - 건설기계(도로를 운행하는 3톤 미만의 지게차에 한정한다.)
    - 총 중량 10톤 미만의 특수자동차(트레일러 및 레커는 제외한다.)
    - 원동기장치자전거

17. 제2종 보통면허 소지자는 적재중량 4톤 이하의 화물자동차, 승차정원 10인승 이하의 승합자동차, 총 중량 3.5톤 이하의 특수자동차(트레일러, 레커 제외), 승용자동차와 원동기장치자전거를 운전할 수 있다.

18. 중상은 3주 이상의 치료를 요하는 의사의 진단이 있는 사고를 말한다.

19. 40km/h 초과 60km/h 이하 속도위반 시 4톤 초과 화물차는 10만 원의 범칙금이 부과된다.

20. 고속도로·자동차전용도로 갓길 통행 시에는 30점의 벌점이 부과된다.

21. 사고 발생 시부터 72시간 이내에 피해자가 사망한 때에는 사망자 1명마다 90점의 벌점이 부과된다.

22. 교통사고로 인한 벌점 산정에 있어서 처분받을 운전자 본인의 피해에 대하여는 벌점을 산정하지 아니한다.

23. 제한속도를 시속 20킬로미터 초과하여 운전하였을 때 발생한 사고에 대해 교통사고처리특례법이 적용된다.

24. 사망사고는 그 피해의 중대성과 심각성으로 말미암아 사고차량이 보험이나 공제에 가입되어 있더라도 이를 반의사불벌죄의 예외로 규정하여 형법 제268조에 따라 처벌한다. 따라서 사망사고는 형사처벌 면책대상이 아니다. 물적 피해사고는 형사처벌의 특례를 적용받을 수 있다.
12대 중과실은 피해자의 명시적 의사에 반하여 공소를 제기할 수 없다는 반의사불벌죄의 예외에 해당한다. 신호위반, 중앙선 침범, 철길건널목 통과방법 위반은 12대 중과실에 해당한다. 단순 물적 피해사고는 합의되면 형사처벌 대상이 아니다.

25. 부상피해자에 대한 적극적인 구호조치 없이 가버린 경우 도주사고로 적용된다.

26. 사고피양 등 만부득이한 중앙선 침범사고는 중앙선 침범이 적용되지 않는다. 그렇지만, 해당 사고는 도로교통법상의 안전운전 불이행으로 처리된다. 만부득이한 경우로는 앞차의 정지를 보고 추돌을 피하려다 중앙선을 침범한 사고, 보행자를 피양하다 중앙선을 침범한 사고, 빙판길에 미끄러지면서 중앙선을 침범한 사고 등이 있다.

27. 이륜차를 끌고 횡단보도 보행 중 사고가 발생되면 보행자 보호의무 위반을 적용받는다. 자전거는 이륜차로 분류되어 있으므로 자전거를 끌고 횡단보도를 횡단하는 사람을 치상할 경우 횡단보도 보행자 보호의무 위반사고로 처리된다.

28. 앞지르기를 금지하는 이유는, 운전자의 의사와 다르게 차량이 제어될 우려가 있기 때문이다. 운전자의 의사와 다르게 차량이 제어된다면 그만큼 사고가 발생할 가능성이 높아지므로 앞지르기를 금지하는 것이다.
가파른 비탈길의 오르막은 높은 속도로 운행하기 어려운 곳이며, 따라서 운전자의 의사와 다르게 차량이 제어될 우려가 적은 곳이다.

화물자동차 운수사업법

29. 화물자동차 운수사업법은 운수사업의 효율적 관리, 화물의 원활한 운송, 공공복리 증진을 목적으로 하는 법이다. 운수사업자의 이익과 관련된 사항을 법으로 규정하지는 않는다.
화물자동차 운송사업이란 다른 사람의 요구에 응하여 화물자동차를 사용하여 화물을 유상으로 운송하는 사업을 말한다.

30. 화물자동차 운송가맹점이란 화물자동차 운송가맹사업자의 운송가맹점으로 가입하여 그 영업표지의 사용권을 부여받은 자를 말한다.

31. 운수종사자란 화물자동차의 운전자, 화물의 운송 또는 주선에 관한 사무를 취급하는 사무원 및 이를 보조하는 보조원, 그 밖에 화물자동차 운수사업에 종사하는 자를 말한다.

32. 화물자동차란 화물적재공간의 바닥면적이 승차공간의 바닥면적보다 넓은 자동차를 말한다.

33. 화물자동차 1대를 사용하여 화물을 운송하는 사업을 개인화물자동차 운송사업이라 한다.
(화물자동차운수사업법 시행규칙 [별표 1] 화물자동차 운송사업의 허가기준(제13조 관련))

34. 화물자동차의 공영차고지는 시·도지사, 시장·군수·구청장이 설치하여 직접 운영하거나 임대할 수 있다.

35. 지붕구조의 덮개가 있는 화물운송용인 화물자동차를 밴형 화물자동차라 한다.
일반형은 보통의 화물운송용, 덤프형은 적재함을 원동기의 힘으로 기울여 적재물을 중력에 의하여 쉽게 미끄러뜨리는 구조의 화물운송용, 특수용도형은 특정한 용도를 위하여 특수한 구조로 하거나, 기구를 장치한 것으로서 기타 어느 형에도 속하지 아니하는 화물운송용인 것(예 : 청소차, 살수차, 소방차, 냉장·냉동차, 곡물·사료운반차 등)

36. 운임 및 요금 신고 시 필요자료는 운임 및 요금신고서, 공인회계사가 작성한 원가계산서, 운임·요금표, 운임 및 요금의 신·구 대비표(변경신고 시에만 해당)이다.

37. 밴형 화물자동차의 화물은 화주 1명당 화물용적 4만 세제곱센티미터 이상이어야 한다.

38. 과징금은 협회 및 연합회의 운영자금으로 사용될 수 없다.

39. 화물자동차 운송가맹사업을 경영하려는 자는 국토교통부장관에게 '허가'를 받아야 한다.

40. 운전적성 정밀검사 중 특별검사는 교통사고를 일으켜 사람을 사망하게 하거나 5주 이상의 치료가 필요한 상해를 입힌 사람, 과거 1년간 도로교통법 시행규칙에 따른 운전면허 행정처분기준에 따라 산출된 누산점수가 81점 이상인 사람이 받는 검사이다.

41. 운전적성 정밀검사는 한국교통안전공단에서 처리하는 업무이다.

42. 화물운송종사자격시험에 합격한 사람은 8시간 동안 법, 안전, 화물취급요령, 응급처치, 운송서비스에 관한 사항을 교육받아야 한다.

43. 화물운송종사자격증이 정지된 경우는 재발급할 수 없다.
화물운송종사자격증명은 화물자동차 안 앞면 오른쪽 위에 항상 게시하고 운행하여야 한다.
사업의 양도·양수 신고를 하는 경우(상호가 변경되는 경우에만)와 화물자동차 운전자의 화물운송종사자격이 취소되거나 효력이 정지된 경우에는 관할관청에 화물운송종사자격증명을 반납하여야 한다.

44. 조합원이 사업용 자동차를 소유·사용·관리하는 동안에 생긴 손해 보상사업은 공제조합이 해야 할 일이다.

45. 경영자와 운수종사자의 교육훈련은 협회가 담당한다.

46. 운수사업자가 설립한 협회 및 연합회는 국토교통부장관의 허가를 받아 운수사업자의 자동차사고로 인한 손해배상 책임의 보장사업을 할 수 있다.

47. 화물자동차 운전자에게 「자동차 및 자동차부품의 성능과 기준에 관한 규칙」 제54조 제2항에 따른 최고속도 제한장치 또는 같은 규칙 제56조에 따른 운행기록계가 설치된 운송사업용 화물자동차를 해당 장치 또는 기기가 정상적으로 작동되지 않는 상태에서 운행하도록 한 경우에는 일반화물의 경우 20만 원의 과징금이 처분된다.

자동차관리법

48. 차령기산일은 제작연도에 등록되었으면 신규등록일, 등록되지 않았으면 제작연도 말일이다.

49. 자동차관리법상 캠핑용 자동차 또는 캠핑용 트레일러는 승합자동차로 구분되어 있다.

50. 임시운행허가를 얻어 허가기간 내에 운행하는 경우에는 자동차등록원부에 등록하지 않은 상태에서 자동차를 운행할 수 있다.

51. 등록된 자동차를 양수받은 자는 자동차 소유권의 이전등록을 신청하여야 한다.

52. 자동차의 튜닝 신청서류는 자동차등록증, 구조·장치변경 승인서, 튜닝 전후의 주요 제원대비표, 튜닝 전후의 자동차외관도(외관의 변경이 있는 경우에 한한다.), 튜닝하고자 하는 구조·장치의 설계, 구조·장치변경작업완료증명서이다. 보험가입 여부는 확인하지 않아도 된다.

53. 자동차관리법 제43조(자동차검사) ① 자동차 소유자(제1호의 경우에는 신규등록 예정자를 말한다)는 해당 자동차에 대하여 다음 각 호의 구분에 따라 국토교통부령으로 정하는 바에 따라 국토교통부장관이 실시하는 검사를 받아야 한다.
  1. **신규검사**: 신규등록을 하려는 경우 실시하는 검사
  2. **정기검사**: 신규등록 후 일정 기간마다 정기적으로 실시하는 검사
  3. **튜닝검사**: 제34조에 따라 자동차를 튜닝한 경우에 실시하는 검사
  4. **임시검사**: 이 법 또는 이 법에 따른 명령이나 자동차 소유자의 신청을 받아 비정기적으로 실시하는 검사

54. 자동차관리법 제44조(자동차검사대행자의 지정 등)
① 국토교통부장관은 「한국교통안전공단법」에 따라 설립된 한국교통안전공단을 자동차검사를 대행하는 자로 지정하여 자동차검사와 그 결과의 통지를 대행하게 할 수 있다. 따라서 한국교통안전공단은 정기검사를 대행할 수 있다.

55. 자동차관리법 또는 자동차관리법에 따른 명령이나 자동차 소유자의 신청을 받아 비정기적으로 실시하는 검사를 임시검사라 한다.

56. 자동차 검사의 유효기간은 비사업용 승용 및 피견인 자동차의 경우 2년이고, 새 자동차이면서 신규검사를 받은 것으로 보는 자동차는 최초 4년이다. 따라서, 최초 신규검사를 수검하면 4년 동안 유효하며, 4년 이후부터는 매 2년마다 검사를 받아야 한다. 자동차 소유자가 종합검사를 받아야 하는 기간은 검사 유효기간의 마지막 날(검사 유효기간을 연장하거나 검사를 유예한 경우에는 그 연장 또는 유예된 기간의 마지막 날을 말한다) 전후 각각 31일 이내로 한다.

57. 자동차 전용도로를 지정할 때에는 도로관리청이 국토교통부장관이면 경찰청장, 특별시장·광역시장·도지사 또는 특별자치도지사이면 관할지방경찰청장, 특별자치시장·시장·군수 또는 구청장이면 관할경찰서장의 의견을 각각 들어야 한다.

대기환경보전법

58. **배출가스저감장치** : 대기환경보전법령에 따른 자동차에서 배출되는 대기오염물질을 줄이기 위하여 자동차에 부착 또는 교체하는 장치로서 환경부령으로 정하는 저감효율에 적합한 장치

59. **매연** : 연소할 때 생기는 유리탄소가 주가 되는 미세한 입자상 물질

60. 대기환경보전법은 대기오염으로 인한 국민건강이나 환경에 관한 위해(危害)를 예방하고, 대기환경을 적정하고 지속 가능하게 관리·보전하여 모든 국민이 건강하고 쾌적한 환경에서 생활할 수 있게 하는 것을 목적으로 한다.

61. **먼지** : 대기 중에 떠다니거나 흩날려 내려오는 입자상 물질

62. 대기환경보전법 제58조에 따라 시·도지사는 대기질 개선을 위해 자동차 소유자에게 저공해자동차로의 전환, 배출가스저감장치의 부착, 저공해엔진으로의 개조를 권고할 수 있다.

63. 저공해자동차로의 전환 또는 개조 명령, 배출가스저감장치의 부착·교체 명령 또는 배출가스 관련 부품의 교체명령, 저공해엔진(혼소엔진을 포함한다.)으로의 개조 또는 교체 명령을 이행하지 아니한 자에게는 300만 원 이하의 과태료를 부과할 수 있다.

64. 시·도지사는 화물자동차 운송사업에 사용되는 최대적재량 1톤 이하인 밴형 화물자동차로서 택배용으로 사용되는 자동차에 대하여 시·도 조례에 따라 공회전 제한장치의 부착을 명령할 수 있다.

문제 01   도로교통법에서 정의하고 있는 '안전지대'에 대한 설명으로 옳은 것은?
① 긴급자동차만 통행할 수 있도록 안전표지나 이와 비슷한 인공구조물로 표시한 도로의 부분
② 도로를 횡단하는 보행자나 통행하는 차마의 안전을 위하여 안전표지나 이와 비슷한 인공구조물로 표시한 도로의 부분
③ 견인자동차가 비상대기할 수 있도록 안전표지나 이와 비슷한 인공구조물로 표시한 도로의 부분
④ 화물자동차의 운송을 원활하게 하기 위하여 안전표지나 이와 비슷한 인공구조물로 표시한 도로의 부분

해설   안전지대란 도로를 횡단하는 보행자나 통행하는 차마의 안전을 위하여 안전표지나 이와 비슷한 인공구조물로 표시한 도로의 부분을 말한다.

문제 02   도로교통법에서 "차마가 한 줄로 도로의 정하여진 부분을 통행하도록 차선으로 구분한 차도의 부분"을 무엇이라 하는가?
① 차로   ② 도로
③ 교차로   ④ 차마

해설   차로란 차마가 한 줄로 도로의 정하여진 부분을 통행하도록 차선으로 구분한 차도의 부분을 말한다.

문제 03   자동차만 다닐 수 있도록 설치된 도로는?
① 자동차유일도로   ② 자동차전용도로
③ 자동차전속도로   ④ 자동차통용도로

해설   자동차전용도로란 자동차만 다닐 수 있도록 설치된 도로를 말한다.

● 정답   01 ②   02 ①   03 ②

문제 04 도로교통법상 '도로'에 해당하는 장소가 아닌 곳은?

① 도로법에 따른 도로
② 농어촌도로 정비법에 따른 농어촌도로
③ 유료도로법에 따른 유료도로
④ 군부대 내 도로

해설 군부대 내 도로는 불특정 다수의 사람 또는 차마가 통행할 수 있도록 공개된 장소가 아니므로 도로라 할 수 없다.

문제 05 건설기계관리법에 따른 자동차에 해당하지 않는 것은?

① 콘크리트펌프
② 3톤 이상의 지게차
③ 덤프트럭
④ 아스팔트콘크리트재생기

해설 건설기계관리법에 따른 자동차는 덤프트럭, 아스팔트살포기, 노상안정기, 콘크리트믹서트럭, 콘크리트펌프, 천공기(트럭 적재식), 콘크리트믹서트레일러, 아스팔트콘크리트재생기, 도로보수트럭, 3톤 미만의 지게차 등이다.

문제 06 보행신호의 종류 중 녹색등화의 점멸에 대한 설명으로 맞는 것은?

① 보행자는 횡단을 시작하여서는 아니 되고, 횡단하고 있는 보행자는 중앙선에 멈추어 서 있어야 한다.
② 보행자는 횡단을 시작하여서는 아니 되고, 횡단하고 있는 보행자는 신속하게 횡단을 완료하거나 그 횡단을 중지하고 보도로 되돌아와야 한다.
③ 보행자는 횡단을 신속하게 시작하여야 하고, 횡단하고 있는 보행자는 반드시 그 횡단을 중지하고 보도로 되돌아와야 한다.
④ 보행자는 횡단을 신속하게 시작하여야 하고, 횡단하고 있는 보행자는 신속하게 횡단을 완료하여야 한다.

해설 녹색등화의 점멸 시에 보행자는 횡단을 시작하여서는 아니 되고, 횡단하고 있는 보행자는 신속하게 횡단을 완료하거나 그 횡단을 중지하고 보도로 되돌아와야 한다.

정답 04 ④   05 ②   06 ②

문제 07 차마가 다른 교통 또는 안전표지에 주의하면서 진행할 수 없는 교통신호는?

① 차량신호등 – 황색등화의 점멸
② 차량신호등 – 적색등화의 점멸
③ 보행자신호등 – 녹색등화의 점멸
④ 보행자신호등 – 황색등화의 점멸

해설 보행자신호등에는 황색등화가 없다.

문제 08 화살표 등화의 신호에 해당하지 않는 것은?

① 녹색화살표의 등화
② 적색화살표의 등화
③ 녹색화살표등화의 점멸
④ 적색화살표등화의 점멸

해설 녹색화살표 등화는 점멸되어서는 안 된다.

문제 09 교통안전표지의 종류가 아닌 것은?

① 주의표지
② 규제표지
③ 권장표지
④ 보조표지

해설 안전표지란 교통안전에 필요한 주의, 규제, 지시 등을 표시하는 표지판이나, 도로의 바닥에 표시하는 기호, 문자 또는 선 등의 노면표시를 말한다.
권장표지는 안전표지의 종류가 아니다.

문제 10 주의표지에 해당하지 않는 표지는?

① 서행표지
② 횡풍표지
③ 터널표지
④ 위험표지

해설 서행표지는 규제표지의 일종이다.

정답 07 ④ 08 ③ 09 ③ 10 ①

1. 교통 및 화물자동차 운수사업 관련 법규

문제 11 편도 4차로인 고속도로에서 특수자동차의 주행차로로 맞는 것은?

① 1차로 ② 2차로
③ 3차로 ④ 4차로

해설 도로교통법 시행규칙 별표 9에 따라 고속도로이면서 편도 4차로인 경우 특수자동차는 오른쪽 차로로 주행하여야 한다. 편도 4차로 고속도로의 오른쪽 차로는 3, 4차로이다.

문제 12 고속도로 외의 편도 4차로 도로에서 차로별로 통행할 수 있는 차종연결이 잘못된 것은?(단, 앞지르기 차로는 제외)

① 1차로 : 소형 승합자동차
② 2차로 : 중형 승합자동차
③ 3차로 : 적재중량이 1.5톤을 초과하는 화물자동차
④ 4차로 : 원동기장치자전거

해설 법규 변경으로 적재중량이 1.5톤을 초과하는 화물자동차도 3차로 이용이 가능해졌다.

문제 13 편도 4차로인 고속도로 외의 도로에서 차로에 따른 통행차량 연결이 잘못된 것은?

① 1차로 : 승용자동차
② 2차로 : 총 중량이 3.5톤 이하인 특수자동차
③ 3차로 : 적재중량이 1.5톤 이하인 화물자동차
④ 4차로 : 건설기계

해설 고속도로 외의 도로로서 편도 4차로이면 2차로는 승용자동차, 중소형승합자동차가 통행할 수 있다.

정답 11 ③, ④ 12 답없음 13 ②

문제 14 **안전거리확보 등 통행방법으로 올바르지 않은 것은?**
① 모든 차의 운전자는 앞차와의 충돌을 피할 수 있는 거리를 확보하여야 한다.
② 자전거 옆을 지날 때에는 안전거리 확보에 신경을 쓰지 않아도 된다.
③ 다른 차의 정상적인 통행에 장애를 줄 우려가 있을 때는 진로를 변경하여서는 안 된다.
④ 운전자는 차를 갑자기 정지시키거나 속도를 줄이는 등의 급제동을 하여서는 안 된다.

해설 자동차 및 원동기장치자전거 운전자는 같은 방향으로 가고 있는 자전거 옆을 지날 때에는 그 자전거와의 충돌을 피할 수 있도록 거리를 확보하여야 한다.

문제 15 **도로교통법령상 최고속도가 110km/h인 편도 2차로 이상 고속도로에서 적재중량이 5톤인 화물자동차의 최고속도는 얼마인가?**
① 80km/h
② 90km/h
③ 100km/h
④ 110km/h

해설 편도 2차로 이상인 고속도로에서 적재중량 1.5톤을 초과하는 화물자동차는 최고 90km/h, 최저 50km/h의 속도로 주행 가능하다.

문제 16 **편도 1차로인 고속도로에서 특수자동차의 최고속도와 최저 속도가 맞게 연결된 것은?**
① 최고속도 : 80km/h, 최저속도 : 40km/h
② 최고속도 : 80km/h, 최저속도 : 50km/h
③ 최고속도 : 90km/h, 최저속도 : 40km/h
④ 최고속도 : 90km/h, 최저속도 : 50km/h

해설 편도 1차로 고속도로인 경우에는 모든 차량이 최고 80km/h, 최저 50km/h의 속도로 운행하여야 한다.

정답 14 ② 15 ② 16 ②

문제 17 편도 2차로 이상인 일반도로의 최고속도와 최저속도 기준으로 맞는 것은?(단, 지정·고시하여 변경된 경우 제외)

① 최고속도 70km/h 이내 - 최저속도 30km/h
② 최고속도 70km/h 이내 - 최저속도 제한 없음
③ 최고속도 80km/h 이내 - 최저속도 30km/h
④ 최고속도 80km/h 이내 - 최저속도 제한 없음

해설 도로교통법 시행규칙 제19조(자동차 등의 속도)
① 법 제17조 제1항에 따른 자동차 등의 운행속도는 다음 각 호와 같다.
1. 일반도로(고속도로 및 자동차전용도로 외의 모든 도로를 말한다)에서는 매시 60킬로미터 이내. 다만, 편도 2차로 이상의 도로에서는 매시 80킬로미터 이내
2. 자동차전용도로에서의 최고속도는 매시 90킬로미터, 최저속도는 매시 30킬로미터 일반도로의 경우는 최고속도 시속 80킬로미터라는 내용 이외의 조항이 없으므로 최고속도는 80, 최저속도는 제한 없음인 ④번이 정답이다.

문제 18 도로교통법령상 운행속도를 최고속도의 50/100을 줄인 속도로 운행하여야 하는 경우가 아닌 것은?

① 눈이 20mm 이상 쌓인 경우
② 안개, 폭우, 폭설 등으로 가시거리가 100m 이내인 경우
③ 비포장 도로를 운전하는 경우
④ 노면이 얼어붙은 경우

해설 최고속도의 100분의 50을 줄인 속도로 운행하여야 하는 경우
• 폭우·폭설·안개 등으로 가시거리가 100미터 이내인 경우
• 노면이 얼어붙은 경우
• 눈이 20밀리미터 이상 쌓인 경우

정답 17 ④　18 ③

문제 19 비가 내려 노면이 젖어 있거나, 겨울철 눈이 20mm 미만 쌓인 경우 운행속도는?

① 최고속도의 10/100을 줄인 속도
② 최고속도의 20/100을 줄인 속도
③ 최고속도의 50/100을 줄인 속도
④ 최고속도의 90/100을 줄인 속도

해설 비가 내려 노면이 젖어 있거나, 겨울철 눈이 20mm 미만 쌓인 경우에는 최고속도의 20/100을 줄인 속도로 운행하여야 한다.

문제 20 도로교통법상 차가 즉시 정지할 수 있는 느린 속도로 진행하여야 할 장소가 아닌 곳은?

① 중앙선이 지워진 도로
② 비탈길의 고갯마루 부근
③ 가파른 비탈길의 내리막
④ 도로가 구부러진 부근

해설 도로교통법은 도로 위의 모든 차에 대해 운전자의 정상적인 차량통제가 어려운 경우에는 서행 또는 일시정지하게끔 법에 규정하여 관리하고 있다. 이러한 정상적인 차량통제가 어려운 경우가 서행 또는 일시정지할 장소가 된다. 비탈길의 고갯마루, 가파른 비탈길의 내리막, 도로가 구부러진 부근 등은 서행 또는 일시정지하여야 할 대표적인 장소이다.
중앙선 노면표시 도색은 서행 또는 일시정지와 큰 관계가 없다.

문제 21 정지상황의 일시적 전개를 의미하는 것은?

① 일단서행
② 정차
③ 일단정지
④ 일시정지

해설 일시정지란 반드시 차가 멈추어야 하되, 얼마간의 시간 동안 일시적으로 정지상태를 유지해야 하는 교통상황을 의미한다.

정답 19 ② 20 ① 21 ④

문제 22 서행하여야 하는 장소가 아닌 것은?

① 교통정리를 하고 있지 아니하는 교차로
② 교차로나 그 부근에서 긴급자동차가 접근하는 경우
③ 도로가 구부러진 부근
④ 지방경찰청장이 안전표지로 지정한 곳

해설 교차로나 그 부근에 긴급자동차가 접근하는 경우에는 교차로를 피하여 도로의 우측 가장자리에 일시정지하여야 한다.

문제 23 서행하여야 하는 장소로 올바르지 않은 것은?

① 가파른 비탈길의 내리막
② 지방경찰청장이 안전표지로 지정한 곳
③ 도로가 구부러진 부근
④ 교통정리가 행해지고 있는 교차로

해설 교통정리가 행해지고 있는 교차로는 서행하여야 하는 장소가 아니다.

문제 24 교차로에서 우회전 혹은 좌회전을 하기 위해 사용하는 신호의 방법이 아닌 것은?

① 등화
② 깜빡이(방향지시기)
③ 손(수신호)
④ 경음기

해설 우회전이나 좌회전을 위해서는 손, 방향지시기, 등화로써 신호를 하여야 한다.

정답 22 ② 23 ④ 24 ④

문제 25 다음 중 제1종 보통면허로 운전할 수 없는 차는?

① 승차정원 12인의 긴급 승합자동차
② 적재중량 15톤의 화물자동차
③ 승차정원 15인의 승합자동차
④ 트레일러 및 레커를 제외한 총중량 8톤의 특수자동차

해설 도로교통법 시행규칙 별표 18 운전할 수 있는 차의 종류
제1종 보통면허로 운전할 수 있는 차의 종류
- 승용자동차
- 승차정원 15인 이하의 승합자동차
- 승차정원 12인 이하의 긴급자동차(승용 및 승합자동차에 한정한다.)
- 적재중량 12톤 미만의 화물자동차
- 건설기계(도로를 운행하는 3톤 미만의 지게차에 한정한다.)
- 총 중량 10톤 미만의 특수자동차(트레일러 및 레커는 제외한다)
- 원동기장치자전거

문제 26 제2종 보통면허를 소지한 자가 운전할 수 있는 사업용 자동차는?

① 사다리차
② 적재중량 2.5톤 화물자동차
③ 승차정원 12인승 승합자동차
④ 총 중량 4톤의 특수자동차

해설 제2종 보통면허 소지자는 적재중량 4톤 이하의 화물자동차, 승차정원 10인승 이하의 승합자동차, 총 중량 3.5톤 이하의 특수자동차(트레일러, 레커 제외), 승용자동차와 원동기장치자전거를 운전할 수 있다. 사다리차는 12톤 미만의 화물자동차에 해당하므로 1종보통 이상의 면허가 필요하다.

문제 27 제1종 보통운전면허로 운전할 수 있는 차량이 아닌 것은?

① 승차정원이 12인 이하의 긴급자동차(승용 및 승합자동차에 한정한다.)
② 적재중량 12톤 미만인 화물자동차
③ 승차정원 25인승 승합자동차
④ 총 중량 10톤 미만인 특수자동차(트레일러 및 레커는 제외한다.)

해설 제1종 보통면허 소지자는 승차정원이 15인승 이하인 승합자동차만 운전할 수 있다.

정답 25 ② 26 ② 27 ③

1. 교통 및 화물자동차 운수사업 관련 법규

문제 28 제1종 대형 운전면허 소지자만 운전할 수 있는 자동차는?

① 총 중량 10톤 미만의 특수자동차(트레일러 및 레커 제외)
② 승차정원 15인 이하의 승합자동차
③ 적재중량 12톤 미만의 화물자동차
④ 건설기계인 덤프트럭

해설 1종 대형면허 소지자만 운전할 수 있는 차는 덤프트럭이다.

문제 29 사고 결과에 따른 벌점 산정 시 중상사고의 기준은?

① 5주 이상 부상사고 ② 4주 이상 부상사고
③ 3주 이상 부상사고 ④ 2주 이상 부상사고

해설 도로교통법에서 말하는 중상은 3주 이상의 치료를 요하는 의사의 진단이 있는 사고를 말한다. 경상은 5일 이상, 3주 미만의 부상사고를 말한다.

문제 30 적재중량 5톤인 화물자동차가 법정최고속도를 40km/h 초과하여 운행하다 단속되었을 때에 운전자에게 부과되는 범칙금은?

① 3만 원 ② 7만 원
③ 9만 원 ④ 10만 원

해설 40km/h 초과 60km/h 이하 속도위반 시 4톤 초과 화물차는 10만 원의 범칙금이 부과된다.

문제 31 고속도로의 갓길 통행 시 부과되는 벌점은?

① 40점 ② 30점
③ 20점 ④ 10점

해설 고속도로·자동차전용도로 갓길 통행 시에는 30점의 벌점이 부과된다.

정답 28 ④ 29 ③ 30 ④ 31 ②

문제 32 교통사고 발생 시부터 72시간 이내에 피해자가 사망한 경우 사망자 1명당 가해자에게 부과되는 벌점은?

① 50점
② 70점
③ 90점
④ 110점

> **해설** 사고 발생 시부터 72시간 이내에 피해자가 사망한 때에는 사망자 1명마다 90점의 벌점이 부과된다.

문제 33 운전면허 행정처분을 위한 법정기준 중 틀린 것은?

① 벌점 산정 시 처분받을 운전자 본인의 피해에 대하여는 벌점을 1/2로 감경한다.
② 자동차등 대 자동차등 교통사고의 경우 그 사고원인 중 중한 위반행위를 한 운전자만 벌점을 부과한다.
③ 자동차등 대 사람 교통사고의 경우 행정과실인 때에는 그 벌점을 1/2로 감경한다.
④ 교통사고 발생 원인이 불가항력적인 경우 행정처분을 하지 아니한다.

> **해설** 교통사고로 인한 벌점 산정에 있어서 처분받을 운전자 본인의 피해에 대하여는 벌점을 산정하지 아니한다.

문제 34 교통사고처리특례법 적용 배제 사유가 아닌 것은?

① 신호위반 사고
② 무면허운전 사고
③ 교차로 내 사고
④ 앞지르기 금지장소 위반사고

> **해설** 12대 중과실에 대한 문제이다. 교차로 내 사고는 12대 중과실사고에 해당하지 않는다.

정답 32 ③   33 ①   34 ③

문제 35 다음 중 교통사고처리특례법상 보도침범사고에 해당하는 것은?

① 부득이하게 보도를 침범하여 발생한 사고
② 학교 안에 자체적으로 설치한 보도를 침범하여 발생한 사고
③ 길가장자리구역에서 발생한 사고
④ 자전거를 끌고 가던 자와 보도에서 충돌한 사고

해설 자전거를 끌고 가면 보행자가 되므로 보도에서 보행자와 충돌한 경우 보도침범사고가 된다.

문제 36 교통사고처리특례법 적용 배제 사유에 해당하지 않는 것은?

① 속도위반(10km/h 초과) 과속사고
② 무면허운전사고
③ 중앙선 침범사고
④ 끼어들기 금지 위반사고

해설 제한속도를 시속 20킬로미터 초과하여 운전하였을 때 발생한 사고에 대해 교통사고처리특례법이 적용된다.

문제 37 교통사고처리특례법에 따라 형사처벌의 특례(면책)를 적용받을 수 있는 사고는?

① 사망사고
② 뺑소니 인사사고
③ 앞지르기의 방법·금지 위반 사상사고
④ 500만 원 이상의 물적 피해사고

해설 사망사고는 그 피해의 중대성과 심각성으로 말미암아 사고차량이 보험이나 공제에 가입되어 있더라도 이를 반의사불벌죄의 예외로 규정하여 형법 제268조에 따라 처벌한다. 따라서 사망사고는 형사처벌 면책대상이 아니다. 물적 피해사고는 형사처벌의 특례를 적용받을 수 있다.

정답 35 ④ 36 ① 37 ④

문제 38 교통사고처리특례법에 따라 피해자의 명시적인 의사에 반하여 공소를 제기할 수 없는 경우는?

① 어린이보호구역에서 어린이 2명이 중상을 입었고, 자동차 종합보험에 가입된 상태였다.
② 물적 피해사고가 발생하여 피해자와 합의를 하였다.
③ 중앙선 침범으로 경상 3명이 발생한 사고로 피해자와 합의를 하였다.
④ 보도횡단방법 위반사고로 인명사고를 발생시켰다.

> **해설** 12대 중과실은 피해자의 명시적 의사에 반하여 공소를 제기할 수 없다는 반의사불벌죄의 예외에 해당한다. 신호위반, 중앙선 침범, 철길건널목 통과방법 위반은 12대 중과실에 해당한다. 단순 물적 피해사고는 합의되면 형사처벌 대상이 아니다.

문제 39 특정범죄가중처벌 등에 관한 법률에 의하여 도주사고에 해당되는 것은?

① 부상피해자에 대한 적극적인 구호조치 없이 가버린 경우
② 경찰관이 환자를 후송하는 것을 보고 연락처를 주고 가버린 경우
③ 교통사고 가해운전자가 심한 부상을 입어 타인에게 의뢰하여 피해자를 후송 조치한경우
④ 교통사고 장소가 혼잡하여 도저히 정지할 수 없어 일부 진행한 후 정지하고 되돌아와 조치한 경우

> **해설** 부상피해자에 대한 적극적인 구호조치 없이 가버린 경우 도주사고로 적용된다.

문제 40 교통사고처리특례법상 중앙선 침범에 해당하지 않는 경우는?

① 사고피양 중 부득이하게 중앙선을 침범한 경우
② 고의 또는 의도적으로 중앙선을 침범한 경우
③ 중앙선을 걸친 상태로 계속 진행한 경우
④ 커브길 과속운행으로 중앙선을 침범한 경우

> **해설** 사고피양 등 부득이한 중앙선 침범사고는 중앙선 침범이 적용되지 않는다. 그렇지만, 해당 사고는 도로교통법상의 안전운전 불이행으로 처리된다. 부득이한 경우로는 앞차의 정지를 보고 추돌을 피하려다 중앙선을 침범한 사고, 보행자를 피양하다 중앙선을 침범한 사고, 빙판길에 미끄러지면서 중앙선을 침범한 사고 등이 있다.

● 정답 38 ② 39 ① 40 ①

문제 41 다음 중 횡단보도 보행자 보호의무 위반사고인 것은?

① 횡단보도에 드러누워 있는 사람을 치상한 사고
② 횡단보도 내에서 택시를 잡기 위하여 서 있는 사람을 치상한 사고
③ 횡단보도 내에서 교통정리하는 경찰관을 치상한 사고
④ 자전거를 끌고 횡단보도를 횡단하는 사람을 치상한 사고

> **해설** 이륜차를 끌고 횡단보도 보행 중 사고가 발생되면 보행자 보호의무 위반을 적용받는다. 자전거는 이륜차로 분류되어 있으므로 자전거를 끌고 횡단보도를 횡단하는 사람을 치상할 경우 횡단보도 보행자 보호의무 위반사고로 처리된다.

문제 42 앞지르기 금지장소가 아닌 곳은?

① 도로의 구부러진 곳
② 가파른 비탈길의 오르막
③ 비탈길의 고갯마루 부근
④ 가파른 비탈길의 내리막

> **해설** 앞지르기를 금지하는 이유는, 운전자의 의사와 다르게 차량이 제어될 우려가 있기 때문이다. 운전자의 의사와 다르게 차량이 제어된다면 그만큼 사고가 발생할 가능성이 높아지므로 앞지르기를 금지하는 것이다.
> 가파른 비탈길의 오르막은 높은 속도로 운행하기 어려운 곳이며, 따라서 운전자의 의사와 다르게 차량이 제어될 우려가 적은 곳이다.

문제 43 화물자동차 운수사업법의 목적으로 적절하지 않은 것은?

① 공공복리 증진
② 화물의 원활한 운송
③ 운수사업의 효율적 관리
④ 화물자동차 운수사업자의 이익 극대화

> **해설** 화물자동차 운수사업법은 운수사업의 효율적 관리, 화물의 원활한 운송, 공공복리 증진을 목적으로 하는 법이다. 운수사업자의 이익과 관련된 사항을 법으로 규정하지는 않는다.

정답 41 ④ 42 ② 43 ④

문제 44 화물자동차 운수사업에 해당하지 않는 것은?

① 화물자동차 운송사업
② 화물자동차 공제사업
③ 화물자동차 운송주선사업
④ 화물자동차 운송가맹사업

해설 화물자동차 운수사업법 제2조(정의)
이 법에서 사용하는 용어의 뜻은 다음과 같다.
2. '화물자동차 운수사업'이란 화물자동차 운송사업, 화물자동차 운송주선사업 및 화물자동차 운송가맹사업을 말한다.
화물자동차 공제사업은 화물자동차 운수사업에 속하지 않는다.

문제 45 화물자동차 운수사업법령에서 정의한 운수종사자에 해당하는 자는?

① 자동차 보험회사 직원
② 화물자동차 운전자
③ 1급 정비공장 정비원
④ 지방자치단체 교통 공무원

해설 운수종사자란 화물자동차의 운전자, 화물의 운송 또는 주선에 관한 사무를 취급하는 사무원 및 이를 보조하는 보조원, 그 밖에 화물자동차 운수사업에 종사하는 자를 말한다.

문제 46 자동차관리법상 화물자동차의 조건이 아닌 것은?

① 승차공간과 화물적재공간이 분리된 자동차
② 화물적재공간의 바닥면적이 승차공간의 바닥면적보다 좁은 자동차
③ 화물운송기능을 갖추고 자체 적하, 기타 작업설비를 갖춘 자동차
④ 바닥면적이 최소 2제곱미터 이상인 화물적재공간을 갖춘 자동차

해설 화물자동차란 화물적재공간의 바닥면적이 승차공간의 바닥면적보다 넓은 자동차를 말한다.

정답 44 ② 45 ② 46 ②

1. 교통 및 화물자동차 운수사업 관련 법규

문제 47 화물자동차의 공영차고지 설치자가 아닌 자는?
① 경찰서장 ② 시장
③ 군수   ④ 구청장

> 해설 화물자동차의 공영차고지는 시·도지사, 시장·군수·구청장이 설치하여 직접 운영하거나 임대할 수 있다.

문제 48 다른 사람의 요구에 응하여 유상으로 화물운송계약을 중개·대리하는 사업은?
① 화물자동차 운영사업
② 화물자동차 운송주선사업
③ 화물자동차 운송가맹사업
④ 화물자동차 경영주선사업

> 해설 다른 사람의 요구에 응하여 유상으로 화물운송계약을 중개·대리하는 사업을 화물자동차 운송주선사업이라 한다.

문제 49 운수종사자가 아닌 사람은?
① 화물자동차의 운전자
② 화물의 운송 또는 운송주선에 관한 사무를 취급하는 사무원
③ 화물의 운송 또는 운송주선에 관한 사무를 취급하는 사무원을 보조하는 보조원
④ 화물 수탁인

> 해설 운수종사자란 화물자동차의 운전자, 화물의 운송 또는 운송주선에 관한 사무를 취급하는 사무원 및 이를 보조하는 보조원, 그 밖에 화물자동차 운수사업에 종사하는 자를 말한다.

문제 50 다른 사람의 요구에 응하여 화물자동차를 사용하여 화물을 유상으로 운송하는 사업은?
① 화물자동차 운송사업 ② 화물자동차 영업사업
③ 화물자동차 운영사업 ④ 화물자동차 운반가맹사업

> 해설 화물자동차 운송사업이란 다른 사람의 요구에 응하여 화물자동차를 사용하여 화물을 유상으로 운송하는 사업을 말한다.

정답 47 ① 48 ② 49 ④ 50 ①

문제 51 자동차관리법령상 화물자동차의 유형별 분류 중 지붕구조의 덮개가 있는 화물운송용 화물자동차의 종류는?

① 일반형
② 덤프형
③ 밴형
④ 특수용도형

해설 지붕구조의 덮개가 있는 화물운송용인 화물자동차를 밴형 화물자동차라 한다.
일반형은 보통의 화물운송용, 덤프형은 적재함을 원동기의 힘으로 기울여 적재물을 중력에 의하여 쉽게 미끄러뜨리는 구조의 화물운송용, 특수용도형은 특정한 용도를 위하여 특수한 구조로 하거나, 기구를 장치한 것으로서 기타 어느 형에도 속하지 아니하는 화물운송용인 것
(예 : 청소차, 살수차, 소방차, 냉장·냉동차, 곡물·사료운반차 등)

문제 52 화물자동차 운송가맹점이란 화물자동차 운송가맹사업자의 운송가맹점으로 가입하여 무엇을 부여받은 자를 말하는가?

① 도로통행권
② 영업허가권
③ 영업표지의 사용권
④ 화물운송의 수송권

해설 화물자동차 운송가맹점이란 화물자동차 운송가맹사업자의 운송가맹점으로 가입하여 그 영업표지의 사용권을 부여받은 자를 말한다.

문제 53 화물자동차 운송사업 중 화물자동차 1대를 사용하여 화물을 운송하는 사업은?

① 화물자동차 운송주선사업
② 특수화물자동차 운송사업
③ 개인화물자동차 운송사업
④ 일반화물자동차 운송사업

해설 화물자동차 1대를 사용하여 화물을 운송하는 사업을 개인화물자동차 운송사업이라 한다.
(화물자동차운수사업법 시행규칙 [별표 1] 화물자동차 운송사업의 허가기준(제13조 관련))

● 정답 51 ③   52 ③   53 ③

문제 54 화물자동차 운송사업자가 국토교통부장관에게 운임 및 요금을 신고할 때 제출하여야 할 자료가 아닌 것은?

① 운임 및 요금신고서
② 공인회계사가 작성한 원가계산서
③ 운임·요금표
④ 차량의 구조 및 최대적재량

해설 운임 및 요금 신고 시 필요자료는 운임 및 요금신고서, 공인회계사가 작성한 원가계산서, 운임·요금표, 운임 및 요금의 신·구 대비표(변경신고 시에만 해당)이다.

문제 55 운송주선사업자가 적재물배상보험 등에 가입하고자 할 때 가입 단위는?

① 각 사업자별
② 각 화물자동차별
③ 각 사업장별
④ 각 지역별

해설 운송주선사업자의 경우는 각 사업자별로 가입한다.

문제 56 보험 등 의무가입자 및 보험회사 등이 책임보험계약 등의 전부 또는 일부를 해제 또는 해지할 수 있는 사유가 아닌 것은?

① 화물자동차 운송사업을 휴업하거나 폐업한 경우
② 보험회사 등이 파산 등의 사유로 영업을 계속할 수 없는 경우
③ 화물자동차 운송사업의 적자 누적으로 책임보험을 해제 또는 해지하고자 하는 경우
④ 화물자동차 운송주선사업의 허가가 취소된 경우

해설 사업의 적자를 사유로 책임보험계약을 해지해서는 안 된다.

정답 54 ④ 55 ① 56 ③

PART 01 이론 및 문제해설

문제 57 사업용 밴형 화물자동차의 화물기준은?

① 화주 1명당 화물용적 2만 세제곱센티미터 이상
② 화주 1명당 화물용적 3만 세제곱센티미터 이상
③ 화주 1명당 화물용적 4만 세제곱센티미터 이상
④ 화주 1명당 화물용적 5만 세제곱센티미터 이상

해설 밴형 화물자동차의 화물은 화주 1명당 화물용적 4만 세제곱센티미터 이상이어야 한다.

문제 58 화물자동차 운송사업자에게 부과되는 과징금액의 용도가 아닌 것은?

① 협회 및 연합회의 운영자금 지원
② 신고포상금의 지급
③ 공동차고지의 건설 및 확충
④ 화물터미널의 건설 및 확충

해설 과징금은 협회 및 연합회의 운영자금으로 사용될 수 없다.

문제 59 화물자동차 운송가맹사업을 경영하려는 자가 국토교통부장관에게 받아야 하는 것은?

① 신고
② 허가
③ 위임
④ 신청

해설 화물자동차 운송가맹사업을 경영하려는 자는 국토교통부령으로 정하는 바에 따라 국토교통부장관에게 '허가'를 받아야 한다.

문제 60 교통사고를 일으켜 5주 이상의 치료가 필요한 상해를 입힌 자가 받아야 하는 검사는?

① 운전적성 정밀검사 중 갱신검사
② 운전적성 정밀검사 중 특별검사
③ 운전적성 정밀검사 중 유지검사
④ 운전적성 정밀검사 중 신규검사

해설 운전적성 정밀검사 중 특별검사는 교통사고를 일으켜 사람을 사망하게 하거나 5주 이상의 치료가 필요한 상해를 입힌 사람, 과거 1년간 도로교통법 시행규칙에 따른 운전면허 행정처분기준에 따라 산출된 누산점수가 81점 이상인 사람이 받는 검사이다.

정답 57 ③ 58 ① 59 ② 60 ②

문제 61 운전적성 정밀검사 중 특별검사는 과거 1년간 「도로교통법 시행규칙」에 따른 운전면허 행정처분기준에 따라 산출된 누산점수가 몇 점 이상인 사람이 받아야 하는 검사인가?

① 111점　　② 101점　　③ 91점　　④ 81점

해설 특별검사는 화물자동차운수사업법 시행규칙 제18조의2(운전적성 정밀검사기준 등)에 따라 과거 1년간 「도로교통법 시행규칙」에 따른 운전면허 행정처분기준에 따라 산출된 누산점수가 81점 이상인 사람이 받는 검사이다.

문제 62 화물운송종사자격시험에 합격한 사람이 받아야 하는 법정교육시간은?

① 4시간　　② 8시간　　③ 12시간　　④ 16시간

해설 자격시험에 합격한 사람은 8시간 동안 법, 안전, 화물취급요령, 응급처치, 운송서비스에 관한 사항을 교육받아야 한다.

문제 63 화물운송종사자격증의 재발급 요건이 아닌 것은?

① 자격증이 정지된 경우
② 자격증 기재사항에 착오가 있는 경우
③ 자격증이 헐어서 못쓰게 된 경우
④ 자격증을 분실한 경우

해설 자격증이 정지된 경우는 재발급할 수 없다.

문제 64 화물자동차 안 앞면에 게시하도록 되어 있는 화물운송종사자격증명의 게시 위치로 맞는 것은?

① 오른쪽 위
② 왼쪽 위
③ 오른쪽 아래
④ 왼쪽 아래

해설 화물운송종사자격증명은 화물자동차 안 앞면 오른쪽 위에 항상 게시하고 운행하여야 한다.

정답　61 ④　62 ②　63 ①　64 ①

문제 65 화물자동차 운전자의 화물운송종사자격이 취소되거나 효력이 정지한 경우 화물운송종사자격증명을 어디에 반납해야 하는가?

① 국토교통부 ② 협회
③ 한국교통안전공단 ④ 관할관청

해설 사업의 양도·양수 신고를 하는 경우(상호가 변경되는 경우에만)와 화물자동차 운전자의 화물운송종사자격이 취소되거나 효력이 정지된 경우에는 관할관청에 화물운송종사자격증명을 반납하여야 한다.

문제 66 화물자동차 운수사업법령에서 정한 협회의 사업에 해당하지 않는 것은?

① 화물자동차 운수사업의 경영개선을 위한 지도
② 경영자와 운수종사자의 교육훈련
③ 조합원이 사업용 자동차를 소유·사용·관리하는 동안에 생긴 손해 보상사업
④ 국가나 지방자치단체로부터 위탁받은 업무

해설 조합원이 사업용 자동차를 소유·사용·관리하는 동안에 생긴 손해 보상사업은 공제조합이 해야 할 일이다.

문제 67 화물자동차 운수사업법령에서 정한 공제조합의 사업에 해당하지 않는 것은?

① 조합원의 사업용 자동차의 사고로 생긴 배상 책임 및 적재물 배상에 대한 공제
② 경영자와 운수종사자의 교육훈련
③ 조합원이 사업용 자동차를 소유·사용·관리하는 동안 발생한 사고로 그 자동차에 생긴 손해에 대한 공제
④ 운수종사자가 조합원의 사업용 자동차를 소유 사용 관리하는 동안에 발생한 사고로 입은 자기 신체의 손해에 대한 공제

해설 경영자와 운수종사자의 교육훈련은 협회가 담당한다.

정답 65 ④ 66 ③ 67 ②

문제 68 화물자동차 운수사업법상 국토교통부장관의 허가를 얻어 운수사업자의 자동차사고로 인한 손해배상 책임의 보장사업을 할 수 있는 자는?

① 특별시장, 광역시장
② 운수사업자가 설립한 협회 및 연합회
③ 한국도로공사
④ 도로교통공단

해설 운수사업자가 설립한 협회 및 연합회는 국토교통부장관의 허가를 받아 운수사업자의 자동차사고로 인한 손해배상 책임의 보장사업을 할 수 있다.

문제 69 화물자동차 운전자에게 최고속도 제한장치가 정상적으로 작동되지 않는 상태에서 운행하도록 한 경우 일반화물자동차 운송사업자에 대한 과징금은 얼마인가?

① 30만 원   ② 50만 원   ③ 100만 원   ④ 200만 원

해설 화물자동차 운전자에게 화물자동차운수사업법 제11조제23항 및 「자동차관리법」 제35조를 위반하여 전기·전자장치(최고속도제한장치에 한정한다)를 무단으로 해체하거나 조작한 경우에는 일반화물의 경우 100만 원의 과징금이 처분된다. (화물자동차 운수사업법 시행령 [별표 2] 과징금을 부과하는 위반행위의 종류와 과징금의 금액(제7조 관련) 〈개정 2020. 6. 16.〉 [시행일 : 2020. 7. 1.])

문제 70 화물자동차 운전자의 취업현황, 퇴직현황을 보고하지 않거나 거짓으로 보고한 경우에 부과되는 과징금으로 틀린 것은?

① 일반 화물자동차 운송사업 : 20만 원
② 개인 화물자동차 운송사업 : 20만 원
③ 화물자동차 운송주선사업 : 없음
④ 화물자동차 운송가맹사업 : 10만 원

해설 과징금 부과기준은 아래와 같다.

위반 내용	해당 조문	처분 내용(단위 : 만 원)			
		화물자동차 운송사업		화물자동차 운송주선사업	화물자동차 운송가맹사업
		일반	개인		
7. 화물자동차 운전자의 취업현황 및 퇴직현황을 보고하지 않거나 거짓으로 보고한 경우	시행규칙 제21조제9호(제41조의11에서 준용하는 경우를 포함한다)	20	10	-	10

정답 68 ② 69 ③ 70 ②

문제 71 **운송사업자가 허가사항을 변경하려할 때, 대통령령으로 경미한 사항을 변경하기 위해 신고로 갈음할 수 있는 대상이 아닌 것은?**

① 상호의 변경
② 화물취급소의 설치 또는 폐지
③ 화물자동차의 대폐차(代廢車)
④ 관할관청의 행정구역 외에서의 주사무소의 이전

해설 화물자동차운수사업법 제3조(화물자동차 운송사업의 허가 등) 조항에 의거 운송사업자가 허가사항을 변경하려면 국토교통부령으로 정하는 바에 따라 국토교통부장관의 변경허가를 받아야 한다. 다만, 대통령령으로 정하는 경미한 사항을 변경하려면 국토교통부령으로 정하는 바에 따라 국토교통부장관에게 신고하여야 한다.
경미한 사항 – 시행령 제3조(화물자동차 운송사업의 허가 및 신고 대상) 제2항
1. 상호의 변경
2. 대표자의 변경(법인인 경우만 해당한다)
3. 화물취급소의 설치 또는 폐지
4. 화물자동차의 대폐차(代廢車)
5. 주사무소·영업소 및 화물취급소의 이전. 다만, 주사무소의 경우 관할 관청의 행정구역 내에서의 이전만 해당한다.
→ 주사무소가 행정구역 외로 이전하는 경우는 허가를 받아야 한다.

문제 72 **시·도에서 화물운송업과 관련하여 처리하는 업무로 맞는 것은?**

① 화물운송사업 허가사항에 대한 경미한 사항 변경신고
② 화물자동차 운송종사자격의 취소 및 효력의 정지
③ 과로운전, 과속운전, 과적운행의 예방 등 안전수송을 위한 지도·계몽
④ 화물자동차 운전자의 인명사상사고 및 교통법규 위반사항 제공

해설 ①, ②는 국토교통부, ③은 연합회, ④는 시·도지사 및 사업자 단체에서 처리하는 업무이다.

문제 73 **화물운송업과 관련된 업무 중 시·도에서 처리하는 업무가 아닌 것은?**

① 운송사업자에 대한 개선명령
② 운전적성 정밀검사의 시행
③ 화물자동차 운송사업의 허가기준에 관한 사항의 신고
④ 화물운송종사자격의 취소 및 효력의 정지에 따른 청문

해설 운전적성 정밀검사는 한국교통안전공단에서 처리하는 업무이다.

정답 71 ④ 72 ④ 73 ②

1. 교통 및 화물자동차 운수사업 관련 법규

문제 74 자동차관리법에 규정된 내용이 아닌 것은?
① 자동차의 등록
② 자동차의 안전기준
③ 자동차의 검사
④ 자동차의 통행방법

해설 자동차의 통행과 관련된 내용은 도로교통법에 규정되어 있다.

문제 75 제작연도에 등록되지 아니한 자동차의 차령기산일이 맞는 것은?
① 제작연도의 초일
② 제작일
③ 제작연도의 말일
④ 최초 신규등록일

해설 제작연도에 등록되지 아니한 자동차는 제작연도의 말일을 차령기산일로 한다.

문제 76 A가 산 자동차의 제작일은 2014년 4월 23일인데, A는 이 자동차를 2015년 1월 15일 등록하였다. 이 자동차의 차령기산일은?
① 2014년 4월 23일
② 2014년 12월 31일
③ 2015년 1월 15일
④ 2015년 12월 31일

해설 차령기산일은 제작연도에 등록되었으면 신규등록일, 등록되지 않았으면 제작연도 말일이다. 문제의 경우 제작연도는 2014년인데 등록이 2015년이므로 2014년 말일이 차령기산일이 된다.

문제 77 제작연도에 등록된 자동차의 차령기산일로 맞는 것은?
① 최초의 신규등록일
② 최초의 이전등록일
③ 최초의 변경등록일
④ 최초의 제작연도 말일

해설 제작연도에 등록된 자동차는 최초의 신규등록일을 차령기산일로 한다.

정답 74 ④   75 ③   76 ②   77 ①

문제 78 자동차관리법령상 캠핑용 트레일러가 해당되는 자동차의 종류는?
① 승용자동차   ② 승합자동차   ③ 화물자동차   ④ 이륜자동차

해설 자동차관리법상 캠핑용 자동차 또는 캠핑용 트레일러는 승합자동차로 구분되어 있다.

문제 79 자동차등록원부에 등록하지 않은 상태에서 자동차를 운행할 수 있는 경우는?
① 관계기관에 신고한 경우
② 법적 승인을 마친 경우
③ 자동차검사에 합격한 경우
④ 임시운행허가를 얻어 허가기간 내에 운행하는 경우

해설 임시운행허가를 얻어 허가기간 내에 운행하는 경우에는 자동차등록원부에 등록하지 않은 상태에서 자동차를 운행할 수 있다.

문제 80 A는 자동차를 등록하여 소유하다가 B에게 팔았다. 다음 중 어떤 등록절차를 거쳐야 하는가?
① 이전등록   ② 변경등록   ③ 신규등록   ④ 말소등록

해설 B는 등록된 자동차를 양수받는, 즉 소유권이 이전되는 등록인 '이전등록'을 하여야 한다.

문제 81 자동차 등록에 관한 설명 중 틀린 것은?
① 등록된 자동차를 양수받은 자는 자동차 소유권의 변경등록을 신청하여야 한다.
② 자동차 해체 재활용업자에게 폐차를 요청한 경우에는 말소등록을 하여야 한다.
③ 말소등록 신청 시 자동차등록증, 자동차등록번호판 및 봉인을 반납하여야 한다.
④ 임시운행허가를 받은 경우에는 자동차등록원부에 등록하기 전에도 운행할 수 있다.

해설 등록된 자동차를 양수받은 자는 자동차 소유권의 이전등록을 신청하여야 한다.

정답 78 ②   79 ④   80 ①   81 ①

문제 82 자동차 튜닝검사 신청서류가 아닌 것은?

① 보험가입증명서
② 튜닝 전후의 주요재원대비표
③ 자동차등록증
④ 튜닝하고자 하는 구조·장치의 설계도

해설 자동차의 튜닝 신청서류는 자동차등록증, 구조·장치변경 승인서, 튜닝 전후의 주요제원대비표, 튜닝 전후의 자동차외관도(외관의 변경이 있는 경우에 한한다.), 튜닝하고자 하는 구조·장치의 설계, 구조·장치변경작업완료증명서이다. 보험가입 여부는 확인하지 않아도 된다.

문제 83 자동차 튜닝검사를 받고자 하는 자가 자동차검사신청서에 첨부하여 제출해야 할 서류가 아닌 것은?

① 외관 변경을 수반하는 경우 튜닝 전후 자동차의 외관도
② 자동차보험 가입증명서
③ 튜닝 전후 주요제원대비표
④ 자동차등록증

해설 보험가입 여부는 확인하지 않아도 된다. 신청서류는 자동차등록증, 구조·장치변경승인서, 튜닝 전후의 주요제원대비표, 튜닝 전후의 자동차 외관도(외관의 변경이 있는 경우에 한한다.), 변경하고자 하는 구조·장치의 설계도, 구조·장치 변경작업 완료증명서이다.

문제 84 자동차 사용자가 국토교통부령으로 정하는 항목에 대하여 튜닝을 하려는 경우, 어느 기관의 승인을 얻어야 하는가?

① 행정안전부
② 관할경찰서
③ 화물자동차운송사업협회
④ 한국교통안전공단

해설 국토교통부령으로 정하는 항목을 튜닝하려면 시장, 군수, 구청장의 위임을 받은 한국교통안전공단의 승인을 얻어야 한다.

정답 82 ① 83 ② 84 ④

문제 85 **자동차관리법에 따른 명령이나 자동차 소유자의 신청을 받아 비정기적으로 실시하는 검사는?**

① 정기검사
② 임시검사
③ 신규검사
④ 튜닝검사

해설 자동차관리법 또는 자동차관리법에 따른 명령이나 자동차 소유자의 신청을 받아 비정기적으로 실시하는 검사를 임시검사라 한다.

문제 86 **자동차관리법령상 비사업용 승용 및 피견인 자동차의 검사유효기간을 올바르게 설명한 것은?**

① 최초 2년, 이후부터는 2년
② 최초 2년, 이후부터는 1년
③ 최초 4년, 이후부터는 2년
④ 최초 4년, 이후부터는 1년

해설 자동차 검사의 유효기간은 비사업용 승용 및 피견인 자동차의 경우 2년이고, 새 자동차이면서 신규검사를 받은 것으로 보는 자동차는 최초 4년이다.
따라서, 최초 신규검사를 수검하면 4년 동안 유효하며, 4년 이후부터는 매 2년마다 검사를 받아야 한다.

문제 87 **종합검사의 검사기간은 검사유효기간의 마지막 날 전후 각각 며칠 이내인가?**

① 60일
② 31일
③ 30일
④ 15일

해설 자동차 소유자가 종합검사를 받아야 하는 기간은 검사 유효기간의 마지막 날(검사 유효기간을 연장하거나 검사를 유예한 경우에는 그 연장 또는 유예된 기간의 마지막 날을 말한다) 전후 각각 31일 이내로 한다.

정답 85 ② 86 ③ 87 ②

문제 88 다음 중 자동차 검사에 대한 설명으로 부적절한 것은?

① 신규등록을 하려는 경우 실시하는 검사를 신규검사라 한다.
② 자동차의 구조 및 장치를 변경한 경우 실시하는 검사를 튜닝검사라 한다.
③ 자동차관리법에 따른 명령이나 자동차 소유자의 신청을 받아 실시하는 검사를 임시검사라 한다.
④ 자동차검사는 한국교통안전공단이 대행하고 있으며 정기검사는 대행할 수 없다.

해설 자동차관리법 제43조(자동차검사)
① 자동차 소유자(제1호의 경우에는 신규등록 예정자를 말한다)는 해당 자동차에 대하여 다음 각 호의 구분에 따라 국토교통부령으로 정하는 바에 따라 국토교통부장관이 실시하는 검사를 받아야 한다.
  1. 신규검사 : 신규등록을 하려는 경우 실시하는 검사
  2. 정기검사 : 신규등록 후 일정 기간마다 정기적으로 실시하는 검사
  3. 튜닝검사 : 제34조에 따라 자동차를 튜닝한 경우에 실시하는 검사
  4. 임시검사 : 이 법 또는 이 법에 따른 명령이나 자동차 소유자의 신청을 받아 비정기적으로 실시하는 검사

자동차관리법 제44조(자동차검사대행자의 지정 등)
① 국토교통부장관은 「한국교통안전공단법」에 따라 설립된 한국교통안전공단을 자동차검사를 대행하는 자로 지정하여 자동차검사와 그 결과의 통지를 대행하게 할 수 있다.

따라서 한국교통안전공단은 정기검사를 대행할 수 있다.

문제 89 자동차 사용 본거지 변동 등의 사유로 자동차 종합검사의 대상이 된 자동차 등 자동차 정기검사의 기간 중에 있는 자동차는 변경등록을 한 날부터 며칠 이내에 자동차 종합검사를 받아야 하는가?

① 32일
② 42일
③ 52일
④ 62일

해설 자동차 사용 본거지 변동 등의 사유로 자동차 종합검사의 대상이 된 자동차 등 자동차 정기검사의 기간 중에 있는 자동차는 변경등록을 한 날부터 62일 이내에 종합검사를 받아야 한다.

정답 88 ④   89 ④

문제 90 자동차등록증 상에 기재된 자동차 정기검사 유효기간 만료일로부터 30일이 경과한 후 검사를 받아 합격한 경우 과태료는 얼마인가?
① 2만 원
② 3만 원
③ 4만 원
④ 5만 원

해설 정기검사나 종합검사를 받지 아니한 경우 검사를 받아야 할 기간만료일로부터 30일 이내인 때에는 과태료 2만 원, 검사를 받아야 할 기간만료일로부터 30일을 초과한 경우에는 3일 초과 시마다 과태료 1만 원이 부과되며, 과태료 최고 한도액은 30만 원이다.

문제 91 도로법에 규정된 내용이 아닌 것은?
① 도로에 관한 계획의 수립
② 노선의 지정 또는 인정
③ 자동차의 정기점검
④ 도로의 관리

해설 자동차의 정기점검은 자동차관리법이 규정하는 사항이다.

문제 92 도로법령에서 '도로관리청이 도로의 편리한 이용과 안전 및 원활한 도로교통의 확보, 그 밖에 도로의 관리를 위하여 설치하는 시설 또는 공작물'을 무엇이라 하는가?
① 고속국도
② 일반국도
③ 지방도
④ 도로의 부속물

해설 문제는 도로의 부속물에 대한 정의이다.

문제 93 도로법상 도로가 아닌 것은?
① 인도
② 특별시도
③ 구도
④ 일반국도

해설 인도는 도로법상 도로의 종류가 아니다.
도로법 상 도로 : 고속국도, 일반국도, 특별시도·광역시도, 지방도, 시도, 군도, 구도

정답 90 ① 91 ③ 92 ④ 93 ①

문제 94 도로에서의 금지행위가 아닌 것은?

① 도로를 포장하는 행위
② 도로의 교통에 지장을 끼치는 행위
③ 도로에 장애물을 쌓아놓는 행위
④ 도로를 파손하는 행위

해설 도로를 파손하는 행위는 도로의 교통에 지장을 끼치는 행위이므로 금지행위에 해당한다. 도로를 포장하는 행위는 지극히 정상적인 유지관리 행위이다.

문제 95 차량의 구조나 적재화물의 특수성으로 인하여 관리청의 운행 허가를 받으려는 자는 신청서를 작성하여 도로 관리청에 제출해야 한다. 작성해야 할 신청서에 기재하여야 할 사항이 아닌 것은?

① 운행하려는 도로의 종류 및 노선명
② 하이패스 및 블랙박스 설치 유무
③ 운행구간 및 그 총 연장
④ 운행방법

해설 도로법 시행령 제79조제4항에 따라 차량의 구조나 적재화물의 특수성으로 인하여 관리청의 허가를 받으려는 자는 신청서에 운행하려는 도로의 종류 및 노선명, 운행구간 및 그 총 연장, 차량의 제원(諸元), 운행기간, 운행목적, 운행방법을 기재하여 도로 관리청에 제출하여야 한다.

문제 96 도로구조의 보전과 통행의 안전에 지장이 없다고 인정하여 고시한 도로노선의 경우 화물자동차의 적재용량 높이는 지상으로부터 약 몇 m인가?

① 4.1m
② 4.2m
③ 4.3m
④ 4.4m

해설 도로관리청이 운행을 제한할 수 있는 차량은 높이가 4미터를 초과하는 차량이지만, 도로구조의 보전과 통행의 안전에 지장이 없다고 인정하여 고시한 도로노선의 경우에는 4.2미터까지 가능하다.

정답 94 ① 95 ② 96 ②

문제 97 도로법령상 도로관리청이 운행을 제한할 수 있는 차량이 아닌 것은?
① 차량의 길이가 17.5m인 차량
② 차량의 폭이 3.0m인 차량
③ 차량의 높이가 3.0m인 차량
④ 차량의 총중량이 42톤인 차량

해설 축하중 10톤 초과, 총 중량 40톤 초과, 폭 2.5m, 높이 4m, 길이 16.7m를 초과하는 경우 도로관리청이 운행을 제한할 수 있다.

문제 98 도로관리청이 광역시장 또는 도지사인 경우 자동차 전용도로를 지정하고자 할 때는 누구의 의견을 들어야 하는가?
① 관할경찰서장
② 관할지방경찰청장
③ 경찰청장
④ 행정자치부장관

해설 자동차 전용도로 지정 시 도로관리청이 특별시장, 광역시장, 도지사 또는 특별자치도지사이면 관할지방경찰청장의 의견을 들어야 한다.

문제 99 도로관리청이 국토교통부장관인 경우 자동차 전용도로를 지정하고자 할 때는 누구의 의견을 들어야 하는가?
① 국민안전처 차관
② 경찰청장
③ 관할지방검찰청장
④ 관할경찰서장

해설 자동차 전용도로를 지정할 때에는 도로관리청이 국토교통부장관이면 경찰청장, 특별시장·광역시장·도지사 또는 특별자치도지사이면 관할지방경찰청장, 특별자치시장·시장·군수 또는 구청장이면 관할경찰서장의 의견을 각각 들어야 한다.

정답 97 ③   98 ②   99 ②

문제 100 대기환경보전법령에 따른 '자동차에서 배출되는 대기오염물질을 줄이기 위하여 자동차에 부착 또는 교체하는 장치로서 환경부령으로 정하는 저감효율에 적합한 장치'를 무엇이라 하는가?

① 저공해엔진
② 저공해자동차
③ 배출가스저감장치
④ 친환경자동차

해설 배출가스저감장치의 정의를 묻는 문제이다.

문제 101 대기환경보전법상 용어의 정의 중 연소할 때에 생기는 유리(遊離) 탄소가 주가 되는 미세한 입자상 물질은?

① 액체성 물질
② 온실가스
③ 매연
④ 먼지

해설 연소할 때 생기는 유리탄소가 주가 되는 미세한 입자상 물질을 매연이라 한다.

문제 102 대기환경보전법의 목적에 해당되지 않는 것은?

① 대기오염으로 인한 국민건강 및 환경상의 위해를 예방하기 위함
② 대기환경을 적정하고 지속 가능하게 관리·보전하기 위함
③ 모든 국민이 건강하고 쾌적한 환경에서 생활할 수 있게 하기 위함
④ 차량 소음발생 방지장치 장착을 유도하기 위함

해설 대기환경보전법은 대기오염으로 인한 국민건강이나 환경에 관한 위해(危害)를 예방하고, 대기환경을 적정하고 지속 가능하게 관리·보전하여 모든 국민이 건강하고 쾌적한 환경에서 생활할 수 있게 하는 것을 목적으로 한다.

정답 100 ③   101 ③   102 ④

문제 103 　대기환경보전법령에 따른 "대기 중에 떠다니거나 흩날려 내려오는 입자상 물질"을 무엇이라 하는가?

① 가스
② 먼지
③ 검댕
④ 매연

해설　먼지란 대기 중에 떠다니거나 흩날려 내려오는 입자상 물질을 말한다.

문제 104 　시·도지사가 대기질 개선을 위하여 필요하다고 인정하여 그 지역에서 운행하는 자동차 중 일정 요건을 갖춘 자동차 소유자에게 권고하는 조치에 해당하지 않는 것은?

① 저공해자동차로의 전환
② 배출가스저감장치의 부착
③ 저공해엔진으로의 개조
④ 원동기장치자전거 구매

해설　대기환경보전법 제58조에 따라 시·도지사는 대기질 개선을 위해 자동차 소유자에게 저공해자동차로의 전환, 배출가스저감장치의 부착, 저공해엔진으로의 개조를 권고할 수 있다.

문제 105 　시·도지사의 저공해자동차로의 전환명령을 이행하지 않은 차에 대한 처벌기준은?

① 300만 원 이하의 과태료
② 400만 원 이하의 과태료
③ 500만 원 이하의 과태료
④ 600만 원 이하의 과태료

해설　대기환경보전법 제58조(저공해자동차의 운행 등) 1항과 동법 제94조(과태료) 조항에 의거 저공해자동차로의 전환 또는 개조 명령, 배출가스저감장치의 부착·교체 명령 또는 배출가스 관련 부품의 교체 명령, 저공해엔진(혼소엔진을 포함한다)으로의 개조 또는 교체 명령을 이행하지 아니한 자에게는 300만원 이하의 과태료를 부과한다.

정답　103 ②　104 ④　105 ①

문제 106 시·도지사가 공회전 제한장치의 부착을 명령할 수 있는 대상 화물차량의 최대 적재량 기준은?

① 1.5톤 이상　　② 1톤 이상
③ 1.5톤 이하　　④ 1톤 이하

해설 시·도지사는 화물자동차 운송사업에 사용되는 최대적재량 1톤 이하인 밴형 화물자동차로서 택배용으로 사용되는 자동차에 대하여 시·도 조례에 따라 공회전 제한장치의 부착을 명령할 수 있다.

정답　106 ④

2. 화물 취급 요령

01. 운송장은 그 자체로 계약서이면서 영수증이 되므로 당연히 증빙서류 역할도 한다.

02. 동일 수하인에게 다수의 화물이 배달될 때 간단한 기본적인 내용과 원운송장을 연결시키는 내용만 기록하는 경우에는 보조 운송장을 사용한다.

03. 운송장 번호는 상당 기간 중복되는 번호가 발생되지 않도록 충분한 자릿수가 확보되어야 한다.

04. 운송장에 기록되어야 할 사항 : 화물명과 수량, 수하인의 주소, 성명, 전화번호, 운송장 번호와 바코드

05. **도착지 코드**
    - 화물을 분류할 때에 식별을 용이하게 하기 위해 코드화 작업이 필요하다.
    - 화물이 도착할 터미널 및 배달할 장소를 기록한다.
    - 코드는 가급적 육안 식별이 가능하도록 2~3단위 정도로 정하는 것이 좋다.

06. 송하인은 송하인의 주소·성명·전화번호, 수하인의 주소·성명·전화번호·물품의 품명·수량·가격, 특약사항 약관설명 확인필의 자필서명, 면책확인서의 자필서명 등을 기재해야 한다.

07. **집하담당자의 기재사항**
    - 접수일자, 발송점, 도착점, 배달 예정일
    - 운송료
    - 집하자 성명 및 전화번호

08. **운송장 기재 시 유의사항**
    - 발송점의 코드가 정확히 기재되었는지 확인한다.
    - 수하인의 주소 및 전화번호가 맞는지 재차 확인한다.
    - 특약사항을 고객에게 고지한 후 약관설명 확인필에 서명을 받는다.
    - 화물 인수 시 적합성 여부를 확인한 다음, 고객이 직접 운송장 정보를 기입하도록 한다.

09. 고가품 배송을 의뢰한 고객의 운송장 기재 시 유의사항
- 고가품목의 물품가격을 정확히 확인하여 기재한다.
- 휴대폰 및 노트북 등 고가품의 경우 내용물이 확인되지 않도록 별도의 박스로 이중 포장 한다.
- 고가품목 배송에 대한 할증료를 청구한다.
- 할증료를 거절한 경우에는 특약사항을 설명하고 보상한도에 대해 서명을 받는다.

10. 박스 물품이 아닌 쌀, 매트, 카펫 등에 운송장을 부착할 때에는 물품의 정중앙 상단에 운송장을 부착한다.

11. 기존에 사용하던 박스를 사용하는 경우에 구 운송장이 그대로 방치되면 물품의 오분류가 발생할 수 있으므로 반드시 구 운송장은 제거하고 새로운 운송장을 부착하여 1개의 화물에 2개의 운송장이 부착되지 않도록 한다.

12. 개장(個裝) : 물품 개개의 포장. 물품의 상품가치를 높이기 위해 또는 물품 개개를 보호하기 위해 적절한 재료, 용기 등으로 물품을 포장하는 방법 및 포장한 상태를 의미하며, 낱개포장(단위포장)이라고도 한다.

13. 완충포장 : 외부로부터 힘이 직접 물품에 가해지지 않도록 외부 압력을 완화시키는 포장방법

14. 진공포장 : 밀봉 포장된 상태에서 공기를 빨아들여 밖으로 뽑아 버림으로써 물품의 변질, 내용물의 활성화 등을 방지하는 것을 목적으로 하는 포장
유연한 플라스틱 필름으로 물건을 싸고 내부를 공기가 없는 상태로 만듦과 동시에 필름의 둘레를 용착밀봉(溶着密封)하는 방법으로 식품포장 등에 많이 사용된다.

15. 부패 또는 변질되기 쉬운 물품의 경우 아이스박스를 사용한다.

16. 화물 작업 시 주의사항
- 화물더미의 상층과 하층에서는 동시에 작업하는 일이 없어야 한다. 왜냐하면, 상층에서 붕괴사고가 발생할 경우 하층의 피해가 함께 발생되기 때문이다.
- 바닥에 물건 등이 놓여 있으면 즉시 치우도록 한다.
- 컨베이어 위로는 절대 올라서서는 안 된다.

17. 화물더미의 화물을 출하 시 주의사항
화물더미의 화물을 출하할 때에는 위에서부터 순차적으로 층계를 지으면서 작업하고, 상층과 하층에서 동시에 작업하지 않고, 중간에서 화물을 뽑아내거나 직선으로 깊이

파내는 작업을 해서는 안 된다.
발판이 움직이지 않도록 목마 위에 설치하거나 발판 상·하 부위에 고정조치를 철저히 하도록 한다.

18. **화물적재 시 유의사항**
    - 화물 적재 시에는 반드시 별도의 안전통로를 확보한 후 적재하여야 한다.
    - 종류가 다른 것을 적치할 때는 무거운 것은 밑에, 가벼운 것은 위에 쌓는다.
    - 같은 종류 또는 동일 규격끼리 적재해야 한다.
    - 길이가 고르지 못하면 한쪽 끝이 맞도록 한다.
    - 물건을 적재한 후에는 이동거리가 멀든 가깝든 간에 짐이 넘어지지 않도록 로프나 체인 등으로 단단히 묶어야 한다.
    - 화물 적재 시에는 소화전, 배전함 등의 설비 사용에 장애를 주지 않도록 해야 한다.
    - 적재품의 붕괴 여부를 상시 점검해야 한다.
    - 차량에 물건을 적재할 때에는 적재중량을 초과하지 않도록 한다.
    - 추락위험이 있으므로 난간에 서서 작업해서는 안 된다.
    - 차의 요동으로 안정이 파괴되기 쉬운 짐은 결박을 철저히 한다.

19. 품명이 다른 위험물 또는 위험물과 위험물 이외의 화물이 상호작용하여 발열 및 가스를 발생시키고, 부식작용이 일어나거나 기타 물리적 화학작용이 일어날 염려가 있을 때에는 동일 컨테이너에 수납해서는 안 된다.

20. 자동차에 주유할 때는 자동차 등의 원동기를 정지시키고, 정당한 이유 없이 다른 자동차 등을 그 주유 취급소 안에 주차시켜서는 안 된다. 유분리 장치에 고인 유류는 넘치지 않도록 수시로 제거한다.

21. **독극물이 들어있는 용기의 관리법**
    - 독극물이 들어 있는 용기는 쓰러지거나 미끄러지거나 튀지 않도록 철저히 고정하여야 한다.
    - 독극물이 들어 있는 용기를 굴리면 내용물이 새거나 쏟아져나올 수 있으므로 매우 위험하다.
    - 독극물이 새거나 엎질러졌을 때는 신속히 제거할 수 있는 안전한 조치를 하여 놓아야 한다.
    - 독극물 저장소, 드럼통, 용기, 배관 등은 내용물을 알 수 있도록 확실하게 표시하여 놓아야 한다.

22. **파렛트(Pallet) 화물의 붕괴방지 요령**
    박스테두리 방식 : 팔레트에 테두리를 붙여 화물 붕괴방지

스트레치 방식 : 플라스틱 필름을 화물에 감아 고정하여 붕괴방지
밴드걸기 방식 : 나무상자를 팔레트에 쌓는 경우 붕괴방지에 사용
완충포장 방식 : 완충포장은 운송이나 하역 중에 발생되는 가속도의 증가에서 발생되는 물품의 파손을 방지하기 위해서 적용되는 포장방법으로서 소요완형재의 두께를 산정, 조건에 적응할 수 있는 포장을 의미한다.
슬립멈추기 시트삽입방식 : 화물의 포장과 포장 사이에 미끄럼을 멈추는 시트를 넣음으로써 안전을 도모하는 방식
수평 밴드걸기 풀붙이기 방식 : 풀붙이기와 밴드걸기 방식을 병용한 것으로 화물의 붕괴를 방지하는 효과를 한층 더 높이는 방법
주연어프 방식 : 팔레트 화물 붕괴방지 요령 중 화물 적재 시 팔레트의 가장자리를 높게 하여 포장화물을 안쪽으로 기울여 화물이 갈라지는 것을 방지하는 방식

23. **화물의 인수요령**
    - 전화로 발송할 물품을 접수받을 때 반드시 집하 가능한 일자와 고객의 배송요구일자를 확인한 후 배송 가능한 경우에 고객과 약속하고, 약속 불이행으로 불만이 발생하지 않도록 한다.
    - 집하 자제품목을 인수하게 되면 인수한 순간부터 운송회사가 책임을 져야하므로 집하자제품목의 경우는 그 취지를 알리고 양해를 구한 후 정중히 거절하여야 한다.
    - 수축포장이란 수축필름으로 덮고 가열수축시켜 고정유지하는 포장법을 말한다. 수축포장 시에는 가열과정에서의 변형이 일어나지 않는 물품인지 우선적으로 확인하여야 한다.
    - 운송인의 책임은 물품을 인수한 시점부터 발생한다.

24. 신용업체의 대량화물을 집하할 때 수량 착오가 발생하지 않도록 하려면 일부를 선별하여 수량을 확인해서는 안 되고 반드시 모든 박스의 수량과 운송장에 기재된 수량을 확인하여야 한다.

25. 중량물은 무거운 화물이고 경량물은 가벼운 화물이므로 중량물을 밑에 놓고 경량물을 위에 놓아야 파손, 오손사고를 예방할 수 있다.

26. 인계할 때 인수자 확인은 반드시 인수자가 직접 서명하도록 하는 이유는 분실사고를 방지하기 위해서이다.

27. 김치, 젓갈, 한약류 등 수량에 비해 포장이 약한 경우는 오손사고의 원인이 된다.

28. '특수장비차'를 줄여서 '특장차'라고 부르는데 탱크차, 덤프차, 믹서자동차, 위생자동차, 소방차, 레커차, 냉동차, 트럭크레인, 크레인붙이트럭 등이 해당된다.

29. 밴(van) : 상자형 화물실을 갖추고 있는 트럭으로 지붕이 없는 것(오픈 톱형)도 포함한다.

30. 세미 트레일러(Semi-trailer) : 트레일러의 일부 하중을 트랙터가 부담하는 형태의 차량을 말한다.

31. 풀 트레일러(Full trailer) : 차량 자체의 중량과 화물의 모든 중량을 전후 차축만으로 지탱할 수 있는 구조를 가진 차량

32. 폴 트레일러(Pole trailer) : 트랙터에 장치된 턴테이블에 폴 트레일러용 트랙터를 연결하고 턴테이블에 화물을 고정하여 수송하는 방식을 가진 차량을 말한다. 여기서 Pole이란 '기둥'이라는 의미로 보통 대형 파이프, 교각, 대형 목재 등 기둥처럼 생긴 화물을 운반할 때 주로 쓰이기 때문에 폴(Pole) 트레일러라 부른다.

33. 트레일러는 구조 형상에 따라 평상, 저상, 중저상, 스케레탈, 밴, 오픈탑, 특수용도 트레일러로 구분된다.

34. 합리화 특장차에는 실내하역기기 장비차, 측방 개폐차, 쌓기·부리기 합리화차, 시스템 차량이 있다.

35. 스태빌라이저차는 보디에 스태빌라이저를 장치하고 수송 중의 화물이 무너지는 것을 방지할 목적으로 개발된 것이다.

36. 이사화물의 인수가 사업자의 귀책사유로 약정된 인수일시로부터 2시간 이상 지연된 경우 고객은 계약을 해제하고 이미 지급한 계약금액의 반환 및 계약금 6배액의 손해배상을 청구할 수 있다.

37. **이사화물 표준약관**
    - 이사화물 표준약관상 이사화물의 일부 멸실 또는 훼손에 대한 사업자의 손해배상책임은 고객이 이사화물을 인도받은 날로부터 30일 내에 통지하지 아니하면 소멸된다.
    - 이사화물 표준약관상 이사화물의 운송 중에 멸실, 훼손 또는 연착된 경우 사업자는 고객의 요청이 있으면 사고증명서를 1년에 한하여 발행한다.
    - 운송물 1포장의 가액이 300만 원을 초과하는 경우에 운송물의 수탁을 거절할 수 있다.
    - 표준약관상 운송장에 인도예정일의 기재가 없는 경우에는 일반지역은 2일, 도서 및 산간벽지 지역은 3일 이내에 인도해야 한다.

문제 01 운송장의 기능이 아닌 것은?

① 계약서 기능
② 배달에 대한 증빙 기능
③ 화물인수증 기능
④ 현금영수증 기능

해설 운송장은 그 자체로 계약서이면서 영수증이 되므로 당연히 증빙서류 역할도 한다. 현금영수증은 현금을 썼을 때 발행하는 영수증이므로 화물을 운송하기 위해 발행하는 운송장의 기능과는 거리가 멀다.

문제 02 스티커형 운송장에 대한 설명으로 틀린 것은?

① 동일 수하인에게 다수의 화물이 배달될 때 운송장에는 간단한 기본적인 내용과 원운송장을 연결시키는 내용만 기록한다.
② 스티커형 운송장은 라벨 프린트기를 설치하고 자체 정보시스템에 운송장 발행시스템 등 별도의 시스템이 필요하다.
③ 화물의 출고정보가 운송회사의 호스트로 전송되어야 하므로 기업고객도 운송장의 출하를 바코드로 스캐닝하는 시스템을 운영해야 한다.
④ 화물에 부착된 스티커형 운송장을 떼어내어 배달표로 사용할 수 있는 운송장도 있다.

해설 동일 수하인에게 다수의 화물이 배달될 때 간단한 기본적인 내용과 원운송장을 연결시키는 내용만 기록하는 경우에는 보조 운송장을 사용한다.

문제 03 운송장의 기록에 대한 사항 중 맞지 않는 것은?

① 운송장 번호와 그 번호를 나타내는 바코드는 운송장을 인쇄할 때 기록되기 때문에 운전자가 별도로 기록할 필요는 없다.
② 화물을 인수할 사람의 정확한 이름과 주소와 전화번호를 기록해야 한다.
③ 배송이 어려운 경우를 대비하여 송하인의 전화번호를 반드시 확보하여야 한다.
④ 운송장 번호는 상당 기간이 지나면 중복되어도 상관없다.

해설 운송장 번호는 상당 기간 중복되는 번호가 발생되지 않도록 충분한 자릿수가 확보되어야 한다.

정답 01 ④ 02 ① 03 ④

문제 04 운송장에 기록되어야 할 사항이 아닌 것은?

① 화물명과 수량
② 운전자의 전자우편주소
③ 수하인의 주소, 성명 및 전화번호
④ 운송장 번호와 바코드

해설 운송장에 운전자의 전자우편주소(이메일 주소)는 기록하지 않아도 된다.

문제 05 운송장의 항목 중 도착지 코드에 대한 설명으로 맞지 않는 것은?

① 코드는 가급적 육안 식별이 가능하도록 2~3단위 정도로 정하는 것이 좋다.
② 화물이 도착할 배달 장소를 기록한다.
③ 화물을 분류할 때에 식별을 용이하게 하기 위해 코드화 작업이 필요하다.
④ 중간에 경유할 터미널은 기록하지 않는다.

해설 화물이 도착할 터미널 및 배달할 장소를 기록한다.

문제 06 운송장의 기재사항 중 운송물품의 품명, 수량, 물품가격을 기재해야 하는 사람은?

① 수하인
② 송하인
③ 집하담당자
④ 운송담당자

해설 송하인은 송하인의 주소, 성명, 전화번호, 수하인의 주소, 성명, 전화번호, 물품의 품명, 수량, 가격, 특약사항 약관설명 확인필 자필서명, 면책확인서 자필서명 등을 기재해야 한다.

문제 07 운송장 기재사항 중 집하담당자의 기재사항이 아닌 것은?

① 물품의 수량
② 운송료
③ 접수일자
④ 발송점

해설 물품의 수량은 집하담당자의 기재사항이 아니다.

정답 04 ② 05 ④ 06 ② 07 ①

문제 08 집하담당자의 운송장 기재사항이 아닌 것은?

① 접수일자, 발송점, 도착점, 배달 예정일
② 운송료
③ 집하자 성명 및 전화번호
④ 물품의 수량, 물품가격

해설 물품의 수량과 가격은 집하담당자의 운송장에 기재할 사항이 아니다.

문제 09 운송장 기재 시 유의사항으로 옳지 않은 것은?

① 발송점의 코드가 정확히 기재되었는지 확인한다.
② 수하인의 주소 및 전화번호가 맞는지 재차 확인한다.
③ 특약사항을 고객에게 고지한 후 약관설명 확인필에 서명을 받는다.
④ 고객서비스 차원에서 인수자가 대신 운송장 정보를 기입하여 인수받는다.

해설 운송장은 화물 인수 시 적합성 여부를 확인한 다음, 고객이 직접 운송장 정보를 기입하도록 한다.

문제 10 고가품 배송을 의뢰한 고객의 운송장 기재 시 유의사항에 대한 설명으로 틀린 것은?

① 고가품목의 물품가격을 정확히 확인하여 기재한다.
② 박스를 개봉하여 고가품목의 내용물을 철저히 확인한다.
③ 고가품목 배송에 대한 할증료를 청구한다.
④ 할증료를 거절한 경우에는 특약사항을 설명하고 보상한도에 대해 서명을 받는다.

해설 휴대폰 및 노트북 등 고가품의 경우 내용물이 확인되지 않도록 별도의 박스로 이중포장한다.

정답 08 ④   09 ④   10 ②

문제 11 **화물에 운송장을 부착하는 방법으로 부적절한 것은?**

① 박스 물품이 아닌 쌀, 매트, 카펫 등은 물품의 모서리에 부착한다.
② 운송장 부착은 원칙적으로 접수장소에서 매 건마다 화물에 부착한다.
③ 박스 후면 또는 측면 부착으로 혼동을 주어서는 안 된다.
④ 운송장이 떨어질 우려가 큰 물품은 송하인의 동의를 얻어 포장재에 수하인 주소 혹은 전화번호 등의 필요한 사항을 기재한다.

해설 박스 물품이 아닌 쌀, 매트, 카펫 등에 운송장을 부착할 때에는 물품의 정중앙에 운송장을 부착한다.

문제 12 **운송장 부착에 대한 설명으로 맞는 것은?**

① 물품박스 우측 면에 부착한다.
② 물품박스 좌우 모서리에 부착한다.
③ 물품박스 바닥면에 부착한다.
④ 물품박스 정중앙 상단에 부착한다.

해설 운송장은 물품박스 정중앙 상단에 부착한다.

문제 13 **택배운송장 부착요령으로 맞지 않는 것은?**

① 취급주의 스티커는 운송장 바로 우측 옆에 붙여서 눈에 띄게 한다.
② 기존에 사용한 박스를 사용할 때에는 과거 운송장은 폐기하지 않아도 된다.
③ 박스물품이 아닌 경우에는 운송장이 떨어지지 않도록 테이프 등을 이용하여 바코드가 가려지지 않도록 부착한다.
④ 운송장이 떨어질 염려가 있는 경우 송하인의 동의를 얻어 포장지에 수하인의 주소, 전화번호 등을 기재한다.

해설 기존에 사용하던 박스를 사용하는 경우에 구 운송장이 그대로 방치되면 물품의 오분류가 발생할 수 있으므로 반드시 구 운송장은 제거하고 새로운 운송장을 부착하여 1개의 화물에 2개의 운송장이 부착되지 않도록 한다.

정답 11 ① 12 ④ 13 ②

문제 14 물품 개개의 포장을 의미하는 포장 용어는?

① 내장
② 외장
③ 낱장
④ 개장

해설 물품 개개의 포장을 개장(個裝)이라 한다. 물품의 상품가치를 높이기 위해 또는 물품 개개를 보호하기 위해 적절한 재료, 용기 등으로 물품을 포장하는 방법 및 포장한 상태를 의미하며, 낱개포장(단위포장)이라고도 한다.

문제 15 진동이나 충격에 의한 물품파손을 방지하고 외부로부터 힘이 직접 물품에 가해지지 않도록 외부 압력을 완화시키는 포장방법은?

① 진공포장
② 수축포장
③ 완충포장
④ 압축포장

해설 외부로부터 힘이 직접 물품에 가해지지 않도록 외부 압력을 완화시키는 포장방법은 완충포장이다.

문제 16 물품의 변질, 내용물의 활성화 등을 방지하는 것을 목적으로 하는 포장으로 식품포장 등에 많이 사용되는 포장기법은?

① 완충포장
② 압축포장
③ 진공포장
④ 방풍포장

해설 진공포장이란, 밀봉 포장된 상태에서 공기를 빨아들여 밖으로 뽑아 버림으로써 물품의 변질, 내용물의 활성화 등을 방지하는 것을 목적으로 하는 포장을 말한다. 즉, 유연한 플라스틱 필름으로 물건을 싸고 내부를 공기가 없는 상태로 만듦과 동시에 필름의 둘레를 용착밀봉(溶着密封)하는 방법으로 식품포장 등에 많이 사용된다.

정답 14 ④ 15 ③ 16 ③

문제 17 특별 품목의 포장 시 유의사항으로 맞지 않는 것은?

① 휴대폰 및 노트북 등 고가품의 경우 내용물을 개봉하여 별도의 박스로 이중포장한다.
② 꿀 등을 담은 병 제품의 경우 가능한 한 플라스틱 병으로 교체한다.
③ 부득이 병으로 집하하는 경우 면책확인서를 받는다.
④ 박스를 좌우에서 들 수 있도록 한 물품의 경우 손잡이 구멍을 테이프로 막음하여 내용물의 파손을 방지한다.

해설 휴대폰 및 노트북 등 고가품의 경우 내용물을 확인할 수 없도록 별도의 박스로 이중포장하여야 한다.

문제 18 부패 또는 변질되기 쉬운 물품의 적절한 포장방법은?

① 아이스박스 포장
② 종이박스 포장
③ 삼중 포장
④ 플라스틱 비닐 포장

해설 부패 또는 변질되기 쉬운 물품의 경우 아이스박스를 사용한다.

문제 19 화물더미에서 작업 시 주의사항으로 맞지 않는 것은?

① 화물더미 위로 오르고 내릴 때에는 안전하게 사다리를 이용한다.
② 화물더미의 한쪽 가장자리에서 작업할 때에는 붕괴 등 안전사고가 발생하지 않도록 주의한다.
③ 화물더미에 오르내릴 때에는 화물의 쏠림이 발생하지 않도록 한다.
④ 화물더미의 상층과 하층에서 동시에 작업한다.

해설 화물더미의 상층과 하층에서는 동시에 작업하는 일이 없어야 한다. 왜냐하면, 상층에서 붕괴사고가 발생할 경우 하층의 피해가 함께 발생되기 때문이다.

정답 17 ① 18 ① 19 ④

문제 20 창고 내에서 화물을 옮길 때 주의사항으로 맞지 않는 것은?

① 작업안전통로를 충분히 확보한 후 화물을 적재한다.
② 바닥에 물건 등이 놓여 있으면 그냥 넘어 다닌다.
③ 바닥의 기름기나 물기는 즉시 제거하여 미끄럼 사고를 예방한다.
④ 창고의 통로 등에는 장애물이 없도록 조치한다.

해설 바닥에 물건 등이 놓여 있으면 즉시 치우도록 한다.

문제 21 컨베이어를 사용한 화물 이동 시 주의사항으로 맞는 것은?

① 상차용 컨베이어를 이용하여 타이어 등을 상차할 때는 타이어 등이 떨어지는 것을 확인한 후 작업위치를 이동해도 무관하다.
② 작업 시에 컨베이어 운전자는 상호 간 신호를 해서는 안 된다.
③ 컨베이어 주변의 장애물을 치우는 것은 컨베이어 작동 시에만 하여야 한다.
④ 컨베이어 위로는 절대 올라가서는 안 된다.

해설 컨베이어 위로는 절대 올라가서는 안 된다.

문제 22 화물더미의 화물을 출하할 경우 작업요령으로 맞는 것은?

① 화물더미 상층과 하층에서 동시에 헐어낸다.
② 화물더미 중간에서 직선으로 깊이 파낸다.
③ 화물더미 중간에서 화물을 뽑아낸다.
④ 화물더미 위에서부터 순차적으로 층계를 지으면서 헐어낸다.

해설 화물더미의 화물을 출하할 때에는 위에서부터 순차적으로 층계를 지으면서 작업하고, 상층과 하층에서 동시에 작업하지 않고, 중간에서 화물을 뽑아내거나 직선으로 깊이 파내는 작업을 해서는 안 된다.

정답 20 ② 21 ④ 22 ④

문제 23 발판을 활용한 화물 이동 시 주의사항에 대한 설명으로 틀린 것은?
① 발판 자체에 결함이 없는지 확인한다.
② 발판이 움직이지 않게 하기 위해 목마 위에 설치하는 행동을 하여서는 안 된다.
③ 발판을 통행할 때에는 반드시 1명만이 통행토록 한다.
④ 발판 상·하 부위에 고정조치를 철저히 하도록 한다.

해설 발판이 움직이지 않도록 목마 위에 설치하거나 발판 상·하 부위에 고정조치를 철저히 하도록 한다.

문제 24 화물의 하역방법으로 적합하지 않은 것은?
① 높은 곳에 무거운 물건을 적재할 때는 안전모를 착용한다.
② 물건 적재 시 주위에 넘어질 것을 대비하여 위험한 요인을 제거한다.
③ 물품을 적재할 때는 구르거나 무너지지 않도록 받침대나 로프로 묶어야 한다.
④ 별도로 안전통로를 확보할 필요는 없다.

해설 화물 적재 시에는 반드시 별도의 안전통로를 확보한 후 적재하여야 한다.

문제 25 화물의 하역방법에 대한 설명으로 틀린 것은?
① 상자로 된 화물은 취급표지에 따라 다루어야 한다.
② 길이가 고르지 못하면 한쪽 끝이 맞도록 한다.
③ 종류가 다른 것을 적치할 때는 가벼운 것을 밑에 쌓는다.
④ 물품을 야외에 적치할 때에는 밑받침을 하고 덮개로 덮는다.

해설 종류가 다른 것을 적치할 때는 무거운 것은 밑에, 가벼운 것은 위에 쌓는다.

정답 23 ② 24 ④ 25 ③

문제 26 화물의 하역방법으로 틀린 것은?

① 물건 적재 시 주위에 넘어질 것을 대비하여 위험한 요소는 사전에 제거한다.
② 물품을 적재할 때는 구르거나 무너지지 않도록 받침대를 사용하거나 로프로 묶어야 한다.
③ 높은 곳에 적재할 때나 무거운 물건을 적재할 때에는 절대 무리해서는 아니 되며, 안전모를 착용해야 한다.
④ 같은 종류 또는 동일 규격끼리 적재하지 않는다.

해설 같은 종류 또는 동일 규격끼리 적재해야 한다.

문제 27 화물의 길이와 크기가 일정하지 않을 경우의 적재방법 중 옳은 것은?

① 작은 화물 위에 큰 화물을 놓는다.
② 길이가 고르지 못하면 한쪽 끝이 맞도록 한다.
③ 길이에 관계없이 쌓는다.
④ 큰 화물과 작은 화물을 섞어서 쌓는다.

해설 길이가 고르지 못하면 한쪽 끝이 맞도록 한다.

문제 28 화물의 적재방법에 대한 설명으로 옳은 것은?

① 이동거리가 짧을 경우 결박상태 확인을 생략한다.
② 소화전, 배전함 앞에서 적재한다.
③ 적재물품의 붕괴 여부를 상시 확인한다.
④ 적재중량을 초과하여 적재한다.

해설
- 물건을 적재한 후에는 이동거리가 멀든 가깝든 간에 짐이 넘어지지 않도록 로프나 체인 등으로 단단히 묶어야 한다.
- 화물 적재 시에는 소화전, 배전함 등의 설비 사용에 장애를 주지 않도록 해야 한다.
- 적재품의 붕괴 여부를 상시 점검해야 한다.
- 차량에 물건을 적재할 때에는 적재중량을 초과하지 않도록 한다.

정답 26 ④   27 ②   28 ③

문제 29 화물을 차량에 적재하는 방법으로 틀린 것은?

① 적재하중을 초과하지 않도록 한다.
② 화물을 적재할 때 적재함의 난간(문짝 위)에 서서 작업한다.
③ 최대한 무게가 골고루 분산될 수 있도록 한다.
④ 냉동차는 공기가 화물 전체에 통하게 하여 균등한 온도를 유지하도록 한다.

해설 추락위험이 있으므로 난간에 서서 작업해서는 안 된다.

문제 30 차량 내 화물 적재방법으로 맞지 않는 것은?

① 정차 시 넘어지지 않도록 질서있게 정리하여 적재한다.
② 차의 요동으로 안정이 파괴되기 쉬운 짐은 결박하지 않는다.
③ 긴 물건을 적재할 때는 적재함 밖으로 나온 부위에 위험표시를 하여 둔다.
④ 둥글고 구르기 쉬운 물건은 상자에 넣어 적재한다.

해설 차의 요동으로 안정이 파괴되기 쉬운 짐은 결박을 철저히 한다.

문제 31 동일 컨테이너에 수납하지 말아야 할 화물이 아닌 것은?

① 위험물 이외의 화물과 목재 화물
② 부식작용이 일어나거나 기타 물리적 화학작용이 일어날 염려가 있는 화물
③ 품명이 틀린 위험물 또는 위험물과 위험물 이외의 화물이 상호작용하여 발열 및 가스를 발생시키는 화물
④ 포장 및 용기가 파손되어 있거나 불완전한 화물

해설 품명이 틀린 위험물 또는 위험물과 위험물 이외의 화물이 상호작용하여 발열 및 가스를 발생시키고, 부식작용이 일어나거나 기타 물리적 화학작용이 일어날 염려가 있을 때에는 동일 컨테이너에 수납해서는 안 된다.

정답 29 ② 30 ② 31 ①

문제 32 주유취급소의 위험물 취급기준으로 맞는 것은?

① 자동차에 주유할 때는 고정주유설비를 사용하여 직접 주유한다.
② 자동차에 주유할 때는 자동차의 출력을 낮춘다.
③ 유분리장치에 고인 유류는 충분히 넘치도록 하여야 한다.
④ 자동차에 주유할 때는 다른 자동차를 주유취급소 안에 주차시켜야 한다.

해설 자동차에 주유할 때는 자동차 등의 원동기를 정지시키고, 정당한 이유 없이 다른 자동차 등을 그 주유 취급소 안에 주차시켜서는 안 된다. 유분리 장치에 고인 유류는 넘치지 않도록 수시로 제거한다.

문제 33 독극물을 운반할 때의 방법으로 적절하지 않은 것은?

① 독극물의 취급 및 운반은 거칠게 다루지 않는다.
② 독극물이 들어 있는 용기는 손으로 직접 다루지 말고, 굴려서 운반한다.
③ 취급불명의 독극물은 함부로 다루지 않는다.
④ 도난방지를 위해 보관을 철저히 한다.

해설
- 독극물이 들어 있는 용기는 쓰러지거나 미끄러지거나 튀지 않도록 철저히 고정하여야 한다.
- 독극물이 들어 있는 용기를 굴리면 내용물이 새거나 쏟아져나올 수 있으므로 매우 위험하다.

문제 34 독극물 취급 시 주의사항으로 적절하지 않은 것은?

① 독극물의 적재 및 적하 작업 전에는 주차 브레이크를 사용하여 차량이 움직이지 않도록 할 것
② 독극물 저장소, 드럼통 등은 내용물을 알 수 없도록 포장할 것
③ 취급 불명의 독극물을 함부로 취급하지 말 것
④ 독극물이 들어 있는 용기는 마개를 단단히 닫고 빈 용기와 확실하게 구별하여 넣을 것

해설 독극물 저장소, 드럼통, 용기, 배관 등은 내용물을 알 수 있도록 확실하게 표시하여 놓아야 한다.

정답 32 ① 33 ② 34 ②

문제 35 독극물 취급 시 주의사항으로 적절하지 않은 것은?

① 독극물 저장소, 드럼통, 용기, 배관 등은 내용물을 알 수 있도록 확실하게 표시하여 놓는다.
② 독극물이 들어 있는 용기는 마개를 단단히 닫고 빈 용기와 확실하게 구별하여 놓는다.
③ 도난방지 및 오용(誤用) 방지를 위해 보관을 철저히 한다.
④ 만약 독극물이 새거나 엎질러졌을 때는 안전을 위하여 독성이 사라지도록 일정 시간이 지난 후 처리한다.

해설 독극물이 새거나 엎질러졌을 때는 신속히 제거할 수 있는 안전한 조치를 하여 놓아야 한다.

문제 36 팔레트 화물의 붕괴를 방지하기 위한 방식이 아닌 것은?

① 박스테두리 방식
② 스트레치 방식
③ 밴드걸기 방식
④ 완충포장 방식

해설
- 박스테두리 방식 : 팔레트에 테두리를 붙여 화물 붕괴방지
- 스트레치 방식 : 플라스틱 필름을 화물에 감아 고정하여 붕괴방지
- 밴드걸기 방식 : 나무상자를 팔레트에 쌓는 경우 붕괴방지에 사용
- 완충포장 방식 : 완충포장은 운송이나 하역 중에 발생되는 가속도의 증가에서 발생되는 물품의 파손을 방지하기 위해서 적용되는 포장방법으로서 소요완형재의 두께를 산정, 조건에 적응할 수 있는 포장을 의미한다.

문제 37 화물의 포장과 포장 사이에 미끄럼이 발생하지 않도록 조치하여 팔레트 화물의 붕괴를 방지하는 방식은?

① 슬립멈추기 시트삽입방식
② 밴드걸기 방식
③ 풀붙이기 접착방식
④ 주연어프 방식

해설 화물의 포장과 포장 사이에 미끄럼을 멈추는 시트를 넣음으로써 안전을 도모하는 방식은 슬립멈추기 시트삽입방식이다.

정답 35 ④ 36 ④ 37 ①

문제 38 **팔레트 화물의 붕괴를 방지하기 위한 요령 중 풀붙이기와 밴드걸기의 병용방식은?**

① 슈링크 방식
② 박스 테두리 방식
③ 수평 밴드걸기 풀붙이기 방식
④ 스트래치 방식

해설 풀붙이기와 밴드걸기 방식을 병용한 것은 수평 밴드걸기 풀붙이기 방식이다. 이 방식은 화물의 붕괴를 방지하는 효과를 한층 더 높이는 방법이다.

문제 39 **팔레트 화물 붕괴방지 요령 중 화물 적재 시 팔레트의 가장자리를 높게 하여 포장 화물을 안쪽으로 기울여 화물이 갈라지는 것을 방지하는 방식은?**

① 밴드걸기 방식
② 주연어프 방식
③ 슬립멈추기 시트삽입방식
④ 풀붙이기 접착방식

해설 문제는 주연어프 방식에 대한 설명이다.

문제 40 **화물의 인수요령으로 옳은 것은?**

① 집하 자제품목은 고객이 요구하면 서비스 차원에서 인수한다.
② 전화로 물품을 접수받을 때 반드시 집하 가능한 일자와 배송요구일자를 확인한다.
③ 두 개 이상의 화물을 하나의 화물로 밴딩처리한 경우에는 수축포장한다.
④ 운송인의 책임은 물품을 인수하기 전 배차를 받은 시점부터 발생한다.

해설
• 전화로 발송할 물품을 접수받을 때 반드시 집하 가능한 일자와 고객의 배송요구일자를 확인한 후 배송 가능한 경우에 고객과 약속하고, 약속 불이행으로 불만이 발생하지 않도록 한다.
• 집하 자제품목을 인수하게 되면 인수한 순간부터 운송회사가 책임을 져야하므로 집하 자제품목의 경우는 그 취지를 알리고 양해를 구한 후 정중히 거절하여야 한다.
• 수축포장이란 수축필름으로 덮고 가열수축시켜 고정유지하는 포장법을 말한다. 수축포장 시에는 가열과정에서의 변형이 일어나지 않는 물품인지 우선적으로 확인하여야 한다.
• 운송인의 책임은 물품을 인수한 시점부터 발생한다.

정답 38 ③　39 ②　40 ②

문제 41 화물의 인수요령으로 맞는 것은?

① 인수(집하) 예약은 반드시 접수대장에 기재하여 누락되는 일이 없도록 한다.
② 수하인의 주소 및 수하인이 맞는지 확인한 후 인계한다.
③ 긴급을 요하는 화물은 우선순위로 배송할 수 있도록 쉽게 꺼낼 수 있게 적재한다.
④ 다수의 화물이 도착하였을 때에는 미도착 수량이 있는지 확인한다.

해설 인계요령이 아닌 인수요령을 찾는다. 인수예약은 반드시 대장에 기재하여 누락되는 일이 없도록 한다.

문제 42 다음 중 화물의 인수요령에 대한 설명으로 틀린 것은?

① 두 개 이상의 화물을 하나의 화물로 밴딩처리한 경우 반드시 고객에게 파손 가능성을 설명하고 각각 운송장 및 보조송장을 부착하여 집하한다.
② 신용업체의 대량화물을 집하할 때 수량 착오가 발생하지 않도록 일부를 선별하여 박스 수량과 운송장에 표기된 수량을 확인한다.
③ 화물은 취급가능 화물규격 및 중량, 취급 불가 화물품목을 확인하고, 화물의 안전수송과 타 화물의 보호를 위하여 포장상태 및 화물의 상태를 확인한 후 접수 여부를 결정한다.
④ 운송인의 책임은 물품을 인수하고 운송장을 교부한 시점부터 발생한다.

해설 신용업체의 대량화물을 집하할 때 수량 착오가 발생하지 않도록 하려면 일부를 선별하여 수량을 확인해서는 안 되고 반드시 모든 박스의 수량과 운송장에 기재된 수량을 확인하여야 한다.

• 정답 41 ① 42 ②

문제 43 화물을 인수하는 요령으로 적절하지 않은 것은?

① 전화로 예약 접수 시 고객의 배송요구일자는 확인하지 않아도 된다.
② 포장 및 운송장 기재요령을 반드시 숙지하고 인수에 임한다.
③ 집하 자제품목 및 집하 금지품목의 경우는 그 취지를 알리고 양해를 구한 후 정중히 거절한다.
④ 도서지역에 운송되는 물품에 대해서는 부대비용의 징수 가능성을 미리 알려주고 물품을 인수한다.

해설 전화로 발송할 물품을 접수받을 때 반드시 집하 가능한 일자와 고객의 배송요구일자를 확인한 후 배송 가능한 경우에 고객과 약속하고, 약속 불이행으로 불만이 발생하지 않도록 한다.

문제 44 화물의 인수요령으로 옳지 않은 것은?

① 인수(집하) 예약은 운송장에 기재한다.
② 전화로 발송한 물품을 접수받을 때 반드시 집하 가능한 일자와 고객의 배송 요구 일자를 확인한다.
③ 0월 0일 0시까지 배달 등 조건부 운송물품 인수를 금지한다.
④ 운송장을 작성하기 전에 물품의 성질 등을 고객에게 통보하고 상호 동의가 되었을 때 운송장을 작성한다.

해설 인수(집하) 예약은 반드시 접수대장에 기재하여 누락되는 일이 없도록 한다.

문제 45 화물의 파손 또는 오손사고를 방지하기 위한 대책으로 가장 거리가 먼 것은?

① 중량물은 상단, 경량물은 하단에 적재한다.
② 충격에 약한 화물은 보강포장 및 특기사항을 표기해 둔다.
③ 집하할 때에는 내용물에 관한 정보를 충분히 듣고 포장한다.
④ 집하 시 화물의 포장상태를 확인한다.

해설 중량물은 무거운 화물이고 경량물은 가벼운 화물이므로 중량물을 밑에 놓고 경량물을 위에 놓아야 파손, 오손사고를 예방할 수 있다.

정답 43 ①   44 ①   45 ①

문제 46 화물을 인계할 때 인수자 확인인은 반드시 인수자가 직접 서명하도록 하는 것은 어떤 화물사고의 방지대책인가?

① 분실사고
② 지연배달사고
③ 내용물 부족사고
④ 파손사고

해설 인계할 때 인수자 확인은 반드시 인수자가 직접 서명하도록 하는 이유는 분실사고를 방지하기 위해서이다.

문제 47 화물의 파손사고의 원인이 아닌 것은?

① 김치, 젓갈, 한약류 등 수량에 비해 포장이 약한 경우
② 차량에 상차할 때 컨베이어 벨트 등에서 떨어져 파손되는 경우
③ 화물을 함부로 던지거나 발로 차거나 끄는 경우
④ 화물을 적재할 때 무분별한 적재로 압착되는 경우

해설 김치, 젓갈, 한약류 등 수량에 비해 포장이 약한 경우는 오손사고의 원인이다.

문제 48 오배달 또는 지연배달사고의 원인이 아닌 것은?

① 수령인 부재 시 임의장소에 화물을 두고 간 후 미확인
② 수령인의 신분 확인 없이 화물을 인계한 경우
③ 화물터미널에서의 화물의 체계적인 분류
④ 당일 미배송 화물에 대한 별도 관리 미흡

해설 화물터미널에서 화물을 체계적으로 분류하면 오배달, 지연배달사고를 방지할 수 있다.

정답 46 ① 47 ① 48 ③

2. 화물 취급요령

문제 49 화물의 사고 발생 시 배달요령으로 틀린 것은?

① 화주와 대면 시 사업자의 책임을 최대한 배제토록 사고경위를 설명한다.
② 화주와 화물상태를 상호 확인한 후 사고 관련 자료를 요청한다.
③ 대략적인 사고처리과정을 알리고, 해당 지점 또는 사무소에 연락처와 사후 조치 사항에 대한 안내를 한 뒤 사과를 한다.
④ 화주에게 정중히 인사를 한 뒤 사고경위를 설명한다.

해설 사고의 책임 여하를 떠나 객관적으로 사고경위를 설명하여야 한다.

문제 50 차량의 적재함을 특수한 화물에 적합하도록 구조물을 갖추거나 작업이 가능하도록 기계장치를 부착한 특장차의 종류가 아닌 것은?

① 덤프트럭
② 믹서차량
③ 밴
④ 냉동차

해설 '특수장비차'를 줄여서 '특장차'라고 부르는데 탱크차, 덤프차, 믹서자동차, 위생자동차, 소방차, 레커차, 냉동차, 트럭크레인, 크레인붙이트럭 등이 해당된다.

문제 51 한국산업표준(KS)에 따른 화물자동차에 대한 설명으로 틀린 것은?

① 캡오버엔진트럭은 원동기의 전부 또는 대부분이 운전실의 아래쪽에 있는 트럭을 말한다.
② 밴은 상자형 화물실을 갖추고 있는 트럭으로 지붕이 없는 것은 제외한다.
③ 레커차는 크레인 등을 갖추고 고장차의 앞 또는 뒤를 매달아 올려서 수송하는 특수 장비 자동차를 말한다.
④ 냉장차는 수송물품을 냉각제를 사용하여 냉장하는 설비를 갖추고 있는 특수용도 자동차를 말한다.

해설 밴(van)은 상자형 화물실을 갖추고 있는 트럭으로 지붕이 없는 것(오픈 톱형)도 포함한다.

정답 49 ① 50 ③ 51 ②

문제 52 | 트레일러의 종류 중 총 하중의 일부분이 견인하는 자동차에 분산되도록 설계된 트레일러는?

① 풀 트레일러(Full trailer) ② 폴 트레일러(Pole trailer)
③ 돌리(Dolly) ④ 세미 트레일러(Semi trailer)

해설
- 세미 트레일러는 트레일러의 일부 하중을 트랙터가 부담하는 형태의 차량을 말한다.
- 차량 자체의 중량과 화물의 모든 중량을 전후 차축만으로 지탱할 수 있는 구조를 풀 트레일러(Full trailer)라고 하고, 트랙터에 장치된 턴테이블에 폴 트레일러용 트랙터를 연결하고 턴테이블에 화물을 고정하여 수송하는 방식을 폴 트레일러(Pole trailer)라고 한다. 여기서 Pole이란 '기둥'이라는 의미로 보통 대형 파이프, 교각, 대형 목재 등 기둥처럼 생긴 화물을 운반할 때 주로 쓰이기 때문에 폴(Pole) 트레일러라 부른다.

문제 53 | 세미 트레일러(Semi trailer)의 특징으로 잘못 설명된 것은?

① 기둥, 통나무 등 장척의 적하물 자체가 트랙터와 트레일러의 연결부분을 구성하는 구조의 트레일러이다.
② 가동 중인 트레일러 중에서는 가장 많고 일반적인 트레일러이다.
③ 발착지에서의 트레일러 탈착이 용이하고 공간을 적게 차지해서 후진하는 운전을 하기가 쉽다.
④ 세미 트레일러용 트랙터에 연결하여, 총 하중의 일부분이 견인하는 자동차에 의해서 지탱되도록 설계된 트레일러이다.

해설 기둥, 통나무 등 장척의 적하물 자체가 트랙터와 트레일러의 연결부분을 구성하는 구조의 트레일러는 폴 트레일러(Pole trailer)이다.

문제 54 | 트레일러의 일부 하중을 트랙터가 부담하여 운행하는 차량은?

① 돌리(Dolly) ② 풀(Full) 트레일러
③ 세미(Semi) 트레일러 ④ 폴(Pole) 트레일러

해설 세미 트레일러란 세미 트레일러용 트랙터에 연결하여 총 하중의 일부분이 견인하는 자동차에 의해서 지탱되도록 설계된 트레일러를 말한다.

정답 52 ④ 53 ① 54 ③

2. 화물 취급요령

문제 55 트레일러 구조명칭에 따른 종류로서 틀린 것은?
① 평상식 트레일러
② 특수차량 트레일러
③ 저상식 트레일러
④ 중저상식 트레일러

해설) 트레일러는 구조 형상에 따라 평상, 저상, 중저상, 스케레탈, 밴, 오픈탑, 특수용도 트레일러로 구분된다.

문제 56 전용 특장차에 속하지 않는 것은?
① 측방 개폐차
② 덤프트럭
③ 액체 수송차량
④ 냉동차

해설) 측방 개폐차는 합리화 특장차에 해당한다.

문제 57 화물자동차의 적재량 구조에 따른 합리화 특장차의 종류에 해당하지 않는 것은?
① 측방 개폐차
② 실내하역기기 장비차
③ 시스템 차량
④ 분입체 수송차

해설) 합리화 특장차에는 실내하역기기 장비차, 측방 개폐차, 쌓기·부리기 합리화차, 시스템 차량이 있다.

문제 58 수송 중에 화물이 무너지는 것을 방지할 목적으로 개발된 합리적 특장차는?
① 돌리
② 스태빌라이저 차량
③ 시스템 차량
④ 픽업

해설) 스태빌라이저차는 보디에 스태빌라이저를 장치하고 수송 중의 화물이 무너지는 것을 방지할 목적으로 개발된 것이다.

● 정답 55 ② 56 ① 57 ④ 58 ②

문제 59 이사화물 표준약관상 운송사업자가 인수를 거절할 수 있는 화물이 아닌 것은?
① 현금, 유가증권, 귀금속, 예금통장, 신용카드, 인감 등 고객이 휴대할 수 있는 귀중품
② 화물의 종류, 부피 등에 따라 운송에 적합하도록 포장한 물건
③ 위험물, 불결한 물품 등 다른 화물에 손해를 끼칠 염려가 있는 물건
④ 동식물, 미술품, 골동품 등 운송에 특수한 관리를 요하기 때문에 다른 화물과 동시에 운송하기에 적합하지 않은 물건

해설   운송에 적합하도록 포장한 물건은 인수해야 한다.

문제 60 이사화물 표준약관상 고객은 사업자의 귀책사유로 이사화물의 인수가 지연될 경우 계약을 해제하고 사업자에게 손해배상을 청구할 수 있다. 몇 시간 이상 지연될 경우인가?
① 1시간 이상
② 2시간 이상
③ 12시간 이상
④ 24시간 이상

해설   이사화물의 인수가 사업자의 귀책사유로 약정된 인수일시로부터 2시간 이상 지연된 경우 고객은 계약을 해제하고 이미 지급한 계약금액의 반환 및 계약금 6배액의 손해배상을 청구할 수 있다.

문제 61 이사화물 표준약관상 이사화물의 일부 멸실 또는 훼손에 대한 사업자의 손해배상책임은 고객이 이사화물을 인도받은 날로부터 며칠 이내에 그 사실을 사업자에게 통지하지 아니하면 소멸되는가?
① 7일
② 14일
③ 28일
④ 30일

해설   인도받은 날로부터 30일 내에 통지하지 아니하면 소멸된다.

정답 59 ②   60 ②   61 ④

문제 62 이사화물 표준약관상 이사화물의 운송 중에 멸실, 훼손 또는 연착된 경우 사업자는 고객의 요청이 있으면 사고증명서를 발행해야 하는데, 얼마 동안 발행하여야 하는가?

① 1년에 한하여 발행한다.
② 2년에 한하여 발행한다.
③ 3년에 한하여 발행한다.
④ 4년에 한하여 발행한다.

해설 사고증명서는 1년에 한하여 발행한다.

문제 63 택배 표준약관상 사업자가 운송물의 수탁을 거절할 수 없는 경우는?

① 운송물의 인도예정일(시)에 따른 운송이 불가능한 경우
② 운송물이 화약류·인화물질 등 위험한 물건인 경우
③ 운송물이 재생 불가능한 계약서, 원고, 서류인 경우
④ 운송물 1포장의 가액이 100만 원을 초과하는 경우

해설 운송물 1포장의 가액이 300만 원을 초과하는 경우에 운송물의 수탁을 거절할 수 있다.

문제 64 운송물의 인도일에 대한 설명으로 틀린 것은?

① 운송장에 인도예정일의 기재가 있는 경우에는 그 기재일
② 운송장에 인도예정일의 기재가 없는 경우로서 일반지역은 2일
③ 운송장에 인도예정일의 기재가 없는 경우로서 도서지역은 2일
④ 운송장에 인도예정일의 기재가 없는 경우로서 산간벽지는 3일

해설 표준약관상 운송장에 인도예정일의 기재가 없는 경우에는 일반지역은 2일, 도서 및 산간벽지 지역은 3일 이내에 인도해야 한다.

정답 62 ① 63 ④ 64 ③

문제 65 택배 표준약관상 운송물의 인도일에 관한 설명 중 틀린 것은?

① 운송장에 인도예정일의 기재가 있는 경우에는 그 기재된 날
② 일반지역은 2일
③ 도서, 산간벽지는 5일
④ 특정 일시에 사용할 운송물을 수탁한 경우에는 운송장에 기재된 인도예정일의 특정 시간까지 운송물을 인도한다.

해설 도서, 산간벽지는 3일이다.

문제 66 택배표준약관상 사업자는 운송장에 인도예정일의 기재가 없는 경우 일반 지역의 운송물은 운송장에 기재된 운송물의 수탁일로부터 며칠 이내에 인도해야 하는가?

① 1일
② 2일
③ 3일
④ 4일

해설 운송장에 인도예정일의 기재가 없는 경우 일반지역의 운송물은 2일, 도서, 산간벽지는 3일 이내에 인도해야 한다.

정답 65 ③ 66 ②

3. 안전 운행

01. 교통사고의 3대 요인은 인적, 도로 환경, 차량 요인이다.

02. 자동차를 운행하고 있는 운전자가 교통상황을 알아차리는 것을 인지라 한다.

03. 운전자 요인에 의한 교통사고 중 인지과정의 결함에 의한 사고가 절반 이상으로 가장 많으며, 이어서 판단과정의 결함, 조작과정의 결함 순이다.

04. 내외의 교통환경을 인지하고 이에 대응하는 의사결정과정과 운전행위로 연결되는 운전과정에 영향을 미치는 운전자의 신체·생리적 조건은 피로·약물·질병 등이다.

05. 속도가 빨라질수록 시력은 떨어지고, 시야의 범위가 좁아지며, 전방주시점은 멀어진다. 전방주시점이 멀어질수록 가까운 물체는 잘 보이지 않게 된다.

06. 20/20이 정상시력이므로 20/40은 정상시력의 절반 시력을 가진 사람이다. 따라서 2배의 큰 글자를 보여주어야 같은 효과를 낼 수 있다.

07. 란돌트 고리시표는 흰 바탕에 검정으로 그려져 있다.

08. 우리나라 도로교통법은 붉은색, 녹색, 노란색을 구별할 수 있어야 면허를 부여한다.

09. 야간운전 시 상향 전조등을 사용하게 되면 반대방향의 차량 운전자에게 눈부심 현상이 발생하게 되어 안전운전을 유지하기 어렵게 된다. 따라서 야간운전 시 보행자와 자동차 통행이 빈번한 곳에서는 항상 하향 전조등을 사용하도록 한다.

10. 대향차량 간의 전조등에 의한 눈부심 현상을 현혹현상이라 한다.

11. 야간에 하향 전조등만 있을 경우 무엇인가 있다는 것을 인지하는 경우 그 색깔은 흰색 - 엷은 황색 - 흑색의 순으로 흰색이 가장 인지하기 쉽고, 흑색이 가장 인지하기 어렵다.

12. **암순응과 명순응**
    - 터널에 들어설 때에는 암순응 현상이 발생하므로 미리 감속하여야 한다.
    - 어두운 곳에서 밝은 조건으로 변할 때 적응하는 것은 명순응이다.
    - 밝은 곳에서 어두운 조건으로 변할 때 적응하는 것은 암순응이다.

13. 정상적인 시력을 가진 사람의 시야범위는 180~200도이다.

14. 교통사고 요인 중 운전자 요인과 관련된 것은 간접적 요인, 중간적 요인, 직접적 요인이다.

15. 예측의 실수는 감정이 격앙된 경우, 고민거리가 있는 경우, 시간에 쫓기는 경우에 발생한다.

16. 주시점이 가까운 좁은 시야에서는 빠르게 느껴진다.

17. **운전피로**
    단순한 운전피로는 휴식으로 회복되나 정신적, 심리적 피로는 신체적 부담에 의한 일반적 피로보다 회복시간이 길다.
    피로 또는 과로상태에서는 졸음운전이 발생될 수 있고 이는 교통사고로 이어질 수 있다.
    예정시간상 또는 거리상 적정하게 운전해야 만성피로를 방지할 수 있다.

18. **보행자 횡단과 무단횡단**
    가장 위험한 횡단은 무단횡단이다.
    보행 중 교통사고 사망자 구성비는 대한민국 39.1%, 일본 36.1%, 미국 13.7%, 프랑스 13.1%이다. 횡단 중 한쪽 방향에만 주의를 기울이는 경우가 인지결함의 원인이다.

19. 고령자 운전의 장점은 다년간의 경험에서 나오는 노련함과 신중함이다.

20. 시야가 좁아져서 시야 바깥에 있는 표지판, 신호, 보행자들을 발견하지 못하는 경우가 증가하는 것을 시야(Visual field) 감소현상이라 한다.

21. 어린이들이 당하기 쉬운 교통사고 유형은 도로에 갑자기 뛰어들기, 도로 횡단 중의 부주의, 도로상에서의 위험한 놀이, 자전거사고, 차내 안전사고 등이 있다.
    어린이는 사고방식이 매우 단순하다.

22. **조향장치** : 운전석에 있는 핸들(Steering Wheel)에 의해 앞바퀴의 방향을 틀어서 자동차의 진행방향을 바꾸는 장치

23. **현가장치** : 차량의 무게를 지탱하여 차체가 직접 차축에 얹히지 않도록 해주며 도로 충격을 흡수하여 운전자와 화물에 더욱 유연한 승차를 제공하는 역할을 한다.

24. **원심력과 구심력**
회전 시 안쪽으로 들어오려는 힘을 구심력이라 하고, 바깥쪽으로 나가려는 힘을 원심력이라 한다. 구심력 $F=\dfrac{mv^2}{r}$ 이므로 속도의 제곱에 비례하여 변한다. (m : 질량, r : 반경, v : 속도) 원심력은 구심력과 크기가 같고 방향이 반대인 힘이다.
따라서, 원심력은 속도의 제곱에 비례하여 변한다.

25. 수막현상은 자동차의 속도, 타이어의 마모 정도, 노면의 거칠기 등에 따라 다르게 나타난다. 신호기의 설치 유무와는 무관하다.

26. **자동차 요인과 안전운행 - 물리적 현상**
    - 베이퍼 록(Vapor Lock) 현상 : 유압식 브레이크의 휠 실린더나 브레이크 파이프 속에서 브레이크액이 기화하여 페달을 밟아도 스펀지를 밟는 것 같고 유압이 전달되지 않아 브레이크가 작용하지 않는 현상을 말한다.
    - 페이드(Fade) 현상 : 브레이크의 반복 사용으로 라이닝에 마찰열이 축적되어 제동력이 저하되는 현상
    - 모닝 록(Morning Lock) 현상 : 드럼에 미세한 녹이 발생하여 브레이크가 예민하게 작동되는 현상
    - 스탠딩 웨이브(Standing Wave) 현상 : 타이어가 물결처럼 파동하다가 터지는 현상

27. 노즈 업(Nose Up)이란 자동차가 출발할 때 구동 바퀴는 이동하려 하지만 차체는 정지하고 있기 때문에 앞 범퍼 부분이 들리는 현상을 말한다. 스쿼트(Squat) 현상이라고도 한다.

28. 내륜차와 외륜차가 클수록 대형차이다.

29. 공기압이 규정 압력보다 낮고, 차의 속도가 빠를수록, 하중이 클수록, 활각이 클수록 타이어는 빨리 닳는다.

30. **유체자극(流體刺戟)** : 주변의 경관이 거의 흐르는 선과 같이 되어 눈을 자극하게 되는 현상

31. - 정지거리 = 공주거리 + 제동거리
    - **공주거리** : 운전자 반응시간 동안 이동한 거리
    - **제동거리** : 브레이크가 작동하는 순간부터 정지할 때까지 이동한 거리

32. 운전자가 위험을 인지하고 자동차를 정지시키려고 시작하는 순간부터 자동차가 완전히 정지할 때까지의 시간을 정지시간이라고 하며, 이 시간 동안 진행한 거리를 정지거리라고 한다.

33. 엔진오일량 및 오염, 누유, 냉각수와 누수, 연료량 등을 점검하는 것은 원동기의 일상점검에 해당한다.

34. 주행장치 점검 시에는 휠너트의 느슨함, 타이어의 이상마모와 손상, 공기압을 점검한다.

35. 운행 전 조향핸들의 높이와 각도를 조절하여 운행 중에는 조정하지 않아야 한다.

36. 트랙터 차량의 경우 트레일러 주차 브레이크는 일시적으로만 사용하고 트레일러 브레이크만을 사용하여 주차하지 않는다.

37. 엔진의 이음은 회전수에 비례하여 발생하며 '따다다다다' 소리가 나게 된다. 이러한 현상은 밸브 간극의 이상이 있어 발생하고 간극을 적절히 조절하면 사라진다.

38. 주행 전 차체에 이상한 진동이 느껴질 때는 엔진에서의 고장이 주원인이다. 플러그 배선이 빠져있거나 플러그 자체가 나쁠 때 이런 현상이 나타난다.

39. 엔진계통 엔진오일 과다 소모 시 조치방법은 엔진 피스톤 링 교환, 실린더라이너 교환, 실린더 교환이나 보링, 오일팬이나 개스킷 교환, 에어 클리너 청소 및 장착방법 준수 철저 등이다.

40. 매연이 과다 발생 시에는 에어클리너 오염 확인 후 청소하거나 덕트 내부를 확인하고, 밸브 간극을 조정하여야 한다. 이때 엔진오일 및 필터상태를 점검한다.

41. 엔진 시동 불량 시에는 플라이밍 펌프를 점검한다.

42. 섀시 계통 고장 중 제동 시 차량 쏠림이 나타나는 경우는 타이어와 브레이크 계열에 문제가 있는 경우이다. 클러치 스위치와는 관계가 없다.

43. 휠밸런스 조정은 조향장치 이상 시 조치방법이다.

44. 엔진 과회전(Over Revolution) 현상이 발생하면 내리막길 주행 변속 시 엔진 소리와 함께 재시동이 불가능해진다. 이럴 경우 엔진 내부를 확인하거나, 로커암 캡을 열고

푸시로드 휨 상태, 밸브 스템 등 손상을 확인하여야 하는데, 손상 상태가 심할 경우에는 실린더 블록까지 파손되므로 즉시 정비하여야 한다.

45. 혹한기 주행 중 시동이 꺼졌을 때는 인젝션 펌프 에어를 빼거나, 워터 세퍼레이트의 수분을 제거하거나, 연료 탱크 내 수분을 제거하는 조치를 취한다.

46. 연료파이프 누유 및 공기유입 확인은 엔진 시동 꺼짐 현상에 대한 점검사항이다.

47. P.T.O(Power Take Off : 동력인출장치) 스위치를 교환하는 경우는 덤프의 작동이 불량한 경우이다.

48. 자동차의 차도이탈을 방지하는 것은 곡선부 방호울타리의 기능이다.

49. 일반적으로 차도와 길어깨를 구획하는 노면표시를 하면 교통사고는 감소한다.

50. 추돌사고는 앞차의 후미를 뒤차가 충격하는 것을 말한다.

51. **중앙분리대**
중앙분리대의 가장 큰 설치 이유는 정면충돌사고를 물리적으로 차단하여 사고건수를 현저히 감소시키려는 것이다.
중앙분리대로 설치된 방호울타리는 차량의 횡단을 방지, 감속, 튕겨나가지 않도록 하며 차량 손상이 적도록 하는 기능을 한다.
중앙분리대에는 방호울타리형, 연석형, 광폭형이 있다.

52. 교량의 접근로 폭과 교량 폭의 차이는 교통사고와 밀접한 관계에 있다.

53. **차로와 차선**
차량이 주행하는 곳을 차로라 하고, 차로와 차로를 구분하는 선을 차선이라 한다. 차로수를 셀 때에는 양방향의 차로를 모두 합하여 셈한다.

54. **정지시거** : 운전자가 같은 차로상에 장애물을 인지하고 안전하게 정지하기 위해 필요한 거리로서 차로 중심선상 1m의 높이에서 그 차로의 중앙에 있는 높이 15cm의 물체의 맨 윗부분을 볼 수 있는 거리를 그 차로의 중심선에 따라 측정한 길이를 말한다.

55. **측대** : 운전자의 시선을 유도하고 옆부분의 여유를 확보하기 위하여 중앙분리대 또는 길어깨에 차도와 동일한 횡단경사와 구조로 차도에 접속하여 설치하는 부분을 말한다.

56. 길어깨 : 도로를 보호하고 비상시에 이용하기 위하여 차도에 접속하여 설치하는 도로의 부분

57. 중앙분리대 : 차도를 통행의 방향에 따라 분리하고 옆부분의 여유를 확보하기 위하여 도로의 중앙에 설치하는 분리대와 측대

58. 분리대 : 차도를 통행의 방향에 따라 분리하거나 성질이 다른 같은 방향의 교통을 분리하기 위하여 설치하는 도로의 부분이나 시설물

59. 편경사 : 평면곡선부에서 자동차가 원심력에 대항할 수 있도록 하기 위하여 설치하는 횡단경사

60. 방어운전 요령
방어운전을 위해 능숙한 운전기술, 정확한 운전지식, 세심한 관찰력, 예측능력과 판단력, 양보와 배려의 실천, 교통상황 정보수집, 반성의 자세, 무리한 운행 배제 등이 필요하다.
차량이 많을 때에는 속도를 유지하면서 다른 차들과 적정 간격을 유지하여야 한다. 대형차를 뒤따를 때는 급정거, 낙하물 충격 등의 우려가 있으므로 충분한 안전거리를 확보하면서 주행한다.
뒤에서 다른 차가 접근해 올 경우에는 저속주행 차로로 변경하여 양보하거나, 일정속도를 유지하여 앞지르기할 수 있도록 배려한다. 바짝 뒤따라 올 때에는 가볍게 브레이크 페달을 밟아 제동등을 켜서 경고해준다.
다른 차량이 끼어들 우려가 있는 경우에는 다른 차량과 거리를 두고 주행한다.

61. 교통흐름의 분리
신호기는 교통 흐름을 시간적으로 분리하고, 입체교차로는 교통흐름을 공간적으로 분리한다.

62. 가장 안전한 커브길 주행방법은 슬로우인(Slow - In), 패스트아웃(Fast - Out)으로 알려져 있다. 즉, 천천히 진입하고 빠르게 진출하라는 의미이다.

63. 차로폭이 좁은 경우는 보행자, 노약자, 어린이 등에 주의하여 즉시 정지할 수 있는 안전한 속도로 감속운행하여야 한다.

64. 앞지르기 금지장소라 하더라도 앞지르기를 시도하는 차량의 진로를 막아서는 안 되며 해당 행위는 대단히 위험한 것으로 도로교통법에서 엄격히 금지하고 있다.

65. 과마모 타이어
과마모 타이어는 빗길에서 잘 미끄러질뿐더러 제동거리가 길어지므로 교통사고의 위험이 높다. 노면과 맞닿는 부분인 요철형 무늬의 깊이(트레드 홈 깊이)가 최저 1.6mm 이상이 되는지를 확인하고 적정 공기압을 유지하고 있는지 점검한다.

66.
적재차량은 화물의 무게로 인해 차체가 무거워지게 되므로 빈 차량보다 높이가 낮아지게 된다.
예전에 통과한 장소라도 육교 밑을 통과할 때에는 늘 높이에 주의하여 서서히 운행하여야 한다.

67. 작업시 운전자의 위치 및 유의사항
운전자는 이입작업이 종료될 때까지 탱크로리차량의 긴급차단장치 부근에 위치하여야 한다.
이입작업 시에는 차량이 앞뒤로 움직이지 않도록 차바퀴의 전후를 차바퀴 고정목 등으로 확실하게 고정시켜야 한다.

68. 탱크로리의 위험물 운송과 관련된 주의사항
- 빈 차의 경우 적재차량보다 차의 높이가 높게 되므로 적재차량이 통과한 장소라도 주의한다.
- 차를 수리할 때는 통풍이 양호한 장소에서 수리한다.
- 저온 및 초저온 가스의 경우에는 가죽장갑 등을 끼고 작업한다.
- 이송 전·후에 밸브의 누출 유무를 점검하고 개폐는 서서히 행하여야 한다.

만일의 사태에 대비하여 고압가스 충전용기를 적재한 차량은 주택 및 상가 밀집지역에 주차하여서는 안 된다.
운반 책임자와 운전자는 부득이한 경우를 제외하고는 당해 차량에서 동시에 이탈하지 않도록 한다.

PART 01 이론 및 문제해설

문제 1 교통사고 요인을 크게 3가지로 분류할 때 그 분류 항목이 아닌 것은?
① 인적 요인
② 도로 환경 요인
③ 단속 요인
④ 차량 요인

해설 교통사고의 3대 요인은 인적, 도로 환경, 차량 요인이다.

문제 2 도로교통체계를 구성하는 요소에 속하지 않는 것은?
① 도로 및 교통신호등 등의 환경
② 도로사용자
③ 교통경찰
④ 차량

해설 도로교통체계를 구성하는 요소는 도로사용자, 환경, 차량이다.

문제 3 운전자의 운전과정의 결함에 의한 교통사고 중 차지하는 비중이 큰 순서대로 맞게 나열된 것은?
① 조작>판단>인지
② 인지>판단>조작
③ 인지>조작>판단
④ 조작>인지>판단

해설 운전자 요인에 의한 교통사고 중 인지과정의 결함에 의한 사고가 절반 이상으로 가장 많으며, 이어서 판단과정의 결함, 조작과정의 결함 순이다.

문제 4 자동차를 운행하고 있는 운전자가 교통상황을 알아차리는 운전특성을 무엇이라 하는가?
① 표적
② 인지
③ 판단
④ 생각

해설 자동차를 운행하고 있는 운전자가 교통상황을 알아차리는 것을 인지라 한다.

정답 01 ③　02 ③　03 ②　04 ②

3. 안전 운행

문제 5 운전과정에 영향을 미치는 운전자의 신체·생리적 조건이 아닌 것은?

① 피로
② 약물
③ 지식
④ 질병

> **해설** 내외의 교통환경을 인지하고 이에 대응하는 의사결정과정과 운전행위로 연결되는 운전과정에 영향을 미치는 운전자의 신체·생리적 조건은 피로·약물·질병 등이다.

문제 6 인간의 운전특성 중 틀린 것은?

① 운전특성은 일정하지 않고 사람 간에 차이(개인차)가 있다.
② 신체적·생리적 및 심리적 상태가 항상 일정한 것은 아니다.
③ 인간의 운전행위를 공산품의 공정처럼 일정하게 유지시킬 수 있다.
④ 인간의 특성은 운전뿐만 아니라 인간행위, 삶 자체에도 큰 영향을 미친다.

> **해설** 인간의 운전행위는 공산품의 공정처럼 일정하게 유지시킬 수 없다.

문제 7 운전과 관련되는 시력측정에 대한 설명으로 맞지 않는 것은?

① 속도가 빨라질수록 시력은 떨어진다.
② 속도가 빨라질수록 시야의 범위가 좁아진다.
③ 속도가 빨라질수록 전방주시점은 멀어진다.
④ 전방주시점이 멀어질수록 가까운 물체가 뚜렷이 보인다.

> **해설** 속도가 빨라질수록 시력은 떨어지고, 시야의 범위가 좁아지며, 전방주시점은 멀어진다. 전방주시점이 멀어질수록 가까운 물체는 잘 보이지 않게 된다.

정답   05 ③   06 ③   07 ④

문제 8 정지시력이 20/40인 사람이 정상시력을 가진 사람과 같은 효과를 내기 위한 방법으로 맞는 것은?

① 정상시력을 가진 사람에 비해 0.5배의 큰 글자를 제시
② 정상시력을 가진 사람에 비해 1.0배의 큰 글자를 제시
③ 정상시력을 가진 사람에 비해 1.5배의 큰 글자를 제시
④ 정상시력을 가진 사람에 비해 2배의 큰 글자를 제시

해설 20/20이 정상시력이므로 20/40은 정상시력의 절반 시력을 가진 사람이다. 따라서 2배의 큰 글자를 보여주어야 같은 효과를 낼 수 있다.

문제 9 5m 떨어진 거리에서 크기 15mm의 문자를 판독할 수 있다면 이 경우의 시력은 얼마인가?

① 0.5
② 0.8
③ 1.2
④ 1.5

해설 10m 거리에서 15mm 크기의 글자를 읽을 수 있으면 정상시력 1.0이다. 따라서 5m 떨어진 거리에서 15mm의 문자를 판독할 수 있으면 정상시력의 절반인 0.5가 된다.

문제 10 정지시력을 식별하기 위한 란돌트 고리시표의 색상은?

① 흰 바탕에 회색
② 흰 바탕에 검정
③ 검정 바탕에 흰색
④ 빨강 바탕에 초록

해설 란돌트 고리시표는 흰 바탕에 검정으로 그려져 있다.

문제 11 운전면허를 취득하려는 경우 색채 식별이 가능하여야 하는 색상과 관계가 없는 것은?

① 붉은색
② 흰색
③ 녹색
③ 노란색

해설 우리나라 도로교통법은 붉은색, 녹색, 노란색을 구별할 수 있어야 면허를 부여한다.

정답 08 ④   09 ①   10 ②   11 ②

3. 안전 운행

문제 12 야간운전 시 주의사항으로 보행자와 자동차의 통행이 빈번한 곳에서의 전조등 사용법으로 맞는 것은?

① 상향 전조등 사용
② 전조등을 끈 상태로 운전
③ 한쪽 전조등은 끈 상태로 운전
④ 항상 하향 전조등 사용

해설 야간운전 시 상향 전조등을 사용하게 되면 반대방향의 차량 운전자에게 눈부심 현상이 발생하게 되어 안전운전을 유지하기 어렵게 된다. 따라서 야간운전 시 보행자와 자동차 통행이 빈번한 곳에서는 항상 하향 전조등을 사용하도록 한다.

문제 13 야간에 전조등이 상향등 상태로 주행 시 조명빛으로 보행자의 모습이 사라지는 현상은?

① 명순응현상
② 현혹현상
③ 암순응현상
④ 블랙아웃현상

해설 대향차량 간의 전조등에 의한 눈부심 현상을 현혹현상이라 한다.

문제 14 야간운전 시 도로에 무엇인가 있다는 것을 확인하기 쉬운 색깔부터 어려운 색깔 순서로 나열한 것은?

① 엷은 황색 → 흑색 → 흰색
② 엷은 황색 → 흰색 → 흑색
③ 흰색 → 흑색 → 엷은 황색
④ 흰색 → 엷은 황색 → 흑색

해설 야간에 하향 전조등만 있을 경우 무엇인가 있다는 것을 인지하는 경우 그 색깔은 흰색 – 엷은 황색 – 흑색의 순으로 흰색이 가장 인지하기 쉽고, 흑색이 가장 인지하기 어렵다.

정답 12 ④ 13 ② 14 ④

문제 15 시력과 속도와의 관계를 바르게 설명한 것은?

① 터널에서 나올 때는 시력이 일시 좋아지므로 미리 속도를 높인다.
② 속도가 빠를수록 가까이에 있는 물체가 명확히 보인다.
③ 터널에 들어서면 시력이 일시 떨어지므로 미리 감속하여 운행한다.
④ 속도가 빠를수록 운전자의 시야범위는 넓어진다.

해설 터널에 들어설 때에는 암순응 현상이 발생하므로 미리 감속하여야 한다.

문제 16 일광 또는 조명이 어두운 조건에서 밝은 조건으로 변할 때 사람의 눈이 그 상황에 적응하여 시력을 회복하는 것을 무엇이라고 하는가?

① 암순응
② 주변시
③ 현혹
④ 명순응

해설 어두운 곳에서 밝은 조건으로 변할 때 적응하는 것은 명순응이다.

문제 17 정상시력을 가진 사람의 시야범위는 얼마인가?

① 약 100~120도
② 약 130~150도
③ 약 160~170도
④ 약 180~200도

해설 정상적인 시력을 가진 사람의 시야범위는 180~200도이다.

문제 18 교통사고의 직접적 요인이 아닌 것은?

① 사고 직전 법규위반
② 위험인지 지연
③ 무리한 운행계획
④ 긴급상황 대처능력에 대한 학습 부족

해설 무리한 운행계획은 간접적 요인에 해당한다.

정답 15 ③ 16 ④ 17 ④ 18 ③

3. 안전 운행

문제 19 교통사고 요인이 아닌 것은?
① 간접적 요인　　② 중간적 요인
③ 표면적 요인　　④ 직접적 요인

해설 교통사고의 요인에는 간접적, 중간적, 직접적 요인이 있다.

문제 20 교통사고 요인 중 운전자와 관련된 3가지 요인에 포함되지 않는 것은?
① 직접적 요인　　② 간접적 요인
③ 중간적 요인　　④ 예외적 요인

해설 교통사고 요인 중 운전자 요인과 관련된 것은 간접적 요인, 중간적 요인, 직접적 요인이다.

문제 21 감정이 격앙되었거나 시간에 쫓기는 경우 발생하는 교통사고의 심리적 요인에 해당하는 것은?
① 크기의 착각　　② 속도의 착각
③ 예측의 실수　　④ 원근의 착각

해설 예측의 실수는 감정이 격앙된 경우, 고민거리가 있는 경우, 시간에 쫓기는 경우에 발생한다.

문제 22 교통사고의 심리적 요인 중 속도의 착각에 대한 설명으로 맞는 것은?
① 주시점이 가까운 좁은 시야에서는 느리게 느껴진다.
② 상대 가속도감은 동일 방향으로 느낀다.
③ 주시점이 먼 곳에 있을 때는 빠르게 느껴진다.
④ 주시점이 가까운 좁은 시야에서는 빠르게 느껴진다.

해설 주시점이 가까운 좁은 시야에서는 빠르게 느껴진다.

정답　19 ③　20 ④　21 ③　22 ④

문제 23 운전피로에 대한 일반적인 설명으로 적절하지 않은 것은?

① 전신에 걸쳐 나타난다.
② 대뇌에 피로(나른함, 불쾌감 등)가 몰려든다.
③ 운전작업의 생략이나 착오가 발생할 수 있다는 위험신호이다.
④ 일반적 피로보다 회복시간이 짧다.

해설 단순한 운전피로는 휴식으로 회복되나 정신적, 심리적 피로는 신체적 부담에 의한 일반적 피로보다 회복시간이 길다.

문제 24 운전피로에 관한 설명 중 틀린 것은?

① 피로의 정도가 지나치면 과로가 되고 정상적인 운전이 곤란해진다.
② 연속운전은 일시적 급성피로를 유발할 수 있다.
③ 운전피로는 운전작업의 생략이나 착오를 일으켜 교통사고로 연결될 수 있다.
④ 운전피로와 졸음운전 사이에는 항상 아무런 연관관계가 없다.

해설 피로 또는 과로상태에서는 졸음운전이 발생될 수 있고 이는 교통사고로 이어질 수 있다.

문제 25 운전피로에 대한 설명으로 틀린 것은?

① 예정시간상 또는 거리상으로 적정하게 운전을 하면 만성피로를 초래한다.
② 피로의 정도가 지나치면 과로가 되고 정상적인 운전이 곤란해진다.
③ 연속운전은 일시적으로 급성피로를 낳게 한다.
④ 피로 또는 과로 상태에서는 졸음운전이 발생할 수 있고 이는 교통사고로 이어질 수 있다.

해설 예정시간상 또는 거리상 적정하게 운전해야 만성피로를 방지할 수 있다.

정답 23 ④ 24 ④ 25 ①

문제 26 피로가 운전기능에 미치는 영향 중 운전착오에 대한 설명으로 옳지 않은 것은?

① 작업타이밍의 균형을 초래한다.
② 심야에서 새벽 사이에 많이 발생한다.
③ 각성수준이 저하된다.
④ 사물의 크기와 도로의 경사 등을 착각하게 된다.

해설 운전착오가 원인이 되어 작업타이밍의 "불"균형을 초래하게 된다.

문제 27 차 대 사람의 교통사고 중 횡단사고위험이 가장 큰 유형은?

① 무단횡단
② 횡단보도횡단
③ 보행신호 준수 횡단
④ 신호등 없는 횡단보도의 횡단

해설 가장 위험한 횡단은 무단횡단이다.

문제 28 보행 중 교통사고 사망자 구성비가 가장 높은 국가는?

① 프랑스
② 미국
③ 일본
④ 대한민국

해설 보행 중 교통사고 사망자 구성비는 대한민국 39.1%, 일본 36.1%, 미국 13.7%, 프랑스 13.1%이다.

문제 29 교통사고와 관련이 있는 보행자의 교통정보 인지결함의 원인이 아닌 것은?

① 술에 많이 취해 있었다.
② 등교 또는 출근시간 때문에 급하게 서둘러 걷고 있었다.
③ 횡단 중 모든 방향에 주의를 기울였다.
④ 동행자와 이야기에 열중했거나 놀이에 열중했다.

해설 횡단 중 한쪽 방향에만 주의를 기울이는 경우가 인지결함의 원인이다.
모든 방향에 주의를 기울이는 것은 결함의 원인이 아니다.

정답 26 ① 27 ① 28 ④ 29 ③

문제 30 보행자 요인에 의한 교통사고에서 가장 큰 비중을 차지하는 요인은?

① 동작착오 ② 결정착오
③ 판단착오 ④ 인지결함

해설 보행자 요인은 교통상황 정보를 제대로 인지하지 못한 경우가 가장 많다. 일본의 연구결과에 따르면 보행자 요인 중 인지결함이 약 58.6%의 비율로 가장 높이 나타났다고 한다.

문제 31 고령운전자의 운전태도에 대한 설명으로 올바른 것은?

① 고령자의 운전은 젊은 층에 비하여 과속을 한다.
② 고령자의 운전은 젊은 층에 비하여 신중하다.
③ 고령자의 운전은 젊은 층에 비하여 반사신경이 민감하다.
④ 고령자의 운전은 젊은 층에 비하여 자극에 대한 반응이 빠르다.

해설 고령자 운전의 장점은 다년간의 경험에서 나오는 노련함과 신중함이다.

문제 32 고령자의 시각능력 중 시야가 좁아져서 시야 바깥에 있는 표지판, 신호, 보행자들을 발견하지 못하는 경우를 설명하는 것은?

① 평균 구별능력의 약화 ② 시야감소 현상
③ 동체시력의 약화 ④ 대비능력 저하

해설 시야가 좁아져서 시야 바깥에 있는 표지판, 신호, 보행자들을 발견하지 못하는 경우가 증가하는 것을 시야(Visual field) 감소현상이라 한다.

문제 33 교통사고와 밀접한 어린이의 행동 유형이 아닌 것은?

① 도로에 갑자기 뛰어들기 ② 도로횡단 중의 부주의
③ 승용차 뒷좌석 탑승 ④ 도로상에서의 위험한 놀이

해설 어린이들이 당하기 쉬운 교통사고 유형은 도로에 갑자기 뛰어들기, 도로 횡단 중의 부주의, 도로상에서의 위험한 놀이, 자전거사고, 차내 안전사고 등이 있다.

정답 30 ④ 31 ② 32 ② 33 ③

3. 안전 운행

문제 34 어린이의 교통행동 특성이 아닌 것은?

① 교통상황에 대한 주의력이 부족하다.
② 판단력이 부족하고 모방행동이 많다.
③ 사고방식이 복잡하다.
④ 추상적인 말은 잘 이해하지 못하는 경우가 많다.

해설 어린이는 사고방식이 매우 단순하다.

문제 35 내리막길에서 풋 브레이크만 사용하게 되면 라이닝의 마찰에 의해 제동력이 떨어지므로 어떤 브레이크를 사용하는 것이 안전한가?

① 제이크 브레이크
② 사이드 브레이크
③ 엔진 브레이크
④ 앤티록 브레이크

해설 내리막에서 사용해야 하는 브레이크는 엔진 브레이크이다.

문제 36 자동차의 타이어가 갖는 중요한 역할이 아닌 것은?

① 자동차를 움직이는 구동력을 발생시킨다.
② 지면에서 받는 충격을 흡수해 승차감을 좋게 한다.
③ 자동차가 달리거나 멈추는 것을 원활하게 한다.
④ 차량 내부의 환경을 쾌적하게 한다.

해설 타이어는 차량 내부환경과 무관하다.

정답 34 ③ 35 ③ 36 ④

문제 37 자동차의 장치 중 핸들에 의해 앞바퀴의 방향을 움직여서 자동차의 진행방향을 바꾸는 장치는?
① 주행장치　　② 가속장치　　③ 제동장치　　④ 조향장치

해설) 운전석에 있는 핸들(Steering Wheel)에 의해 앞바퀴의 방향을 틀어서 자동차의 진행방향을 바꾸는 장치를 조향장치라 한다.

문제 38 차량의 무게를 지탱하여 차체가 직접 차축에 얹히지 않도록 하는 장치는?
① 제동장치　　② 주행장치　　③ 현가장치　　④ 조향장치

해설) 현가장치는 차량의 무게를 지탱하여 차체가 직접 차축에 얹히지 않도록 해주며 도로 충격을 흡수하여 운전자와 화물에 더욱 유연한 승차를 제공하는 역할을 한다.

문제 39 자동차에 사용하는 현가장치 유형이 아닌 것은?
① 판 스프링(Leaf Spring)　　② 코일 스프링(Coil Spring)
③ 공기 스프링(Air Spring)　　④ 휠 실린더(Wheel Cylinder)

해설) 현가장치에는 판 스프링, 코일 스프링, 비틀림 막대 스프링, 공기 스프링, 충격흡수장치 등이 있다.

문제 40 원심력에 대한 설명으로 맞는 것은?
① 커브를 돌 때의 원심력은 자동차의 속도에 영향을 받지 않는다.
② 원심력은 속도의 제곱에 비례하여 변한다.
③ 원심력은 원의 중심으로 들어오려는 힘이다.
④ 커브가 예각을 이룰수록 원심력은 작아진다.

해설) 회전 시 안쪽으로 들어오려는 힘을 구심력이라 하고, 바깥쪽으로 나가려는 힘을 원심력이라 한다.
구심력 $F = \dfrac{mv^2}{r}$ 이므로 속도의 제곱에 비례하여 변한다. (m : 질량, r : 반경, v : 속도)
원심력은 구심력과 크기가 같고 방향이 반대인 힘이다.
따라서, 원심력은 속도의 제곱에 비례하여 변한다.

정답 37 ④ 38 ③ 39 ④ 40 ②

3. 안전 운행

문제 41 수막현상 형성과 관계가 없는 것은?

① 자동차의 속도
② 신호기 설치 유무
③ 타이어의 마모 정도
④ 도로의 포장상태

해설 수막현상은 자동차의 속도, 타이어의 마모 정도, 노면의 거칠기 등에 따라 다르게 나타난다. 신호기의 설치 유무와는 무관하다.

문제 42 유압식 브레이크의 휠 실린더나 브레이크 파이프 속에서 브레이크액이 기화하여 페달을 밟아도 스펀지를 밟는 것 같고 유압이 전달되지 않아 브레이크가 작용하지 않는 현상은?

① 페이드(Fade) 현상
② 베이퍼 록(Vapor Lock) 현상
③ 모닝 록(Morning Lock) 현상
④ 스탠딩 웨이브(Standing Wave) 현상

해설
- 베이퍼 록(Vapor Lock) 현상 : 유압식 브레이크의 휠 실린더나 브레이크 파이프 속에서 브레이크액이 기화하여 페달을 밟아도 스펀지를 밟는 것 같고 유압이 전달되지 않아 브레이크가 작용하지 않는 현상을 말한다.
- 페이드(Fade) 현상 : 브레이크의 반복 사용으로 라이닝에 마찰열이 축적되어 제동력이 저하되는 현상
- 모닝 록(Morning Lock) 현상 : 드럼에 미세한 녹이 발생하여 브레이크가 예민하게 작동되는 현상
- 스탠딩 웨이브(Standing Wave) 현상 : 타이어가 물결처럼 파동하다가 터지는 현상

문제 43 자동차를 출발시킬 때 앞 범퍼 부분이 조금 들리는 현상을 무엇이라 하는가?

① 노즈 업(Nose Up)
② 노즈 다운(Nose Down)
③ 바운싱(Bouncing)
④ 피칭(Pitching)

해설 노즈 업(Nose Up)이란 자동차가 출발할 때 구동 바퀴는 이동하려 하지만 차체는 정지하고 있기 때문에 앞 범퍼 부분이 들리는 현상을 말한다. 스쿼트(Squat) 현상이라고도 한다.

정답 41 ②　42 ②　43 ①

문제 44 자동차의 현가장치와 관련된 현상과 거리가 먼 것은?

① 바운싱(Bouncing)　　② 피칭(Pitching)
③ 노킹(Knocking)　　④ 요잉(Yawing)

해설 현가장치와 관련된 현상으로 진동과 노즈다운, 노즈업을 들 수 있다. 진동의 종류로 바운싱(상하진동), 피칭(앞뒤진동), 롤링(좌우진동), 요잉(차체 후부 진동)이 있다. 노킹은 현가장치와 관련 없는 현상이다.

문제 45 내륜차 및 외륜차가 가장 큰 자동차는?

① 경차　　② 소형차
③ 중형차　　④ 대형차

해설 내륜차와 외륜차가 클수록 대형차이다.

문제 46 타이어 마모와 관련된 설명 중 틀린 것은?

① 공기압이 규정 압력보다 낮으면 마모가 빨라진다.
② 차의 속도가 빠를수록 타이어 마모량은 커진다.
③ 하중이 커지면 마모량은 작아진다.
④ 커브길의 활각이 클수록 타이어의 마모가 많아진다.

해설 공기압이 규정 압력보다 낮고, 차의 속도가 빠를수록, 하중이 클수록, 활각이 클수록 타이어는 빨리 닳는다.

문제 47 고속도로에서 고속주행 시 주변의 경관이 흐르는 선처럼 보이는 현상은?

① 페이드 현상　　② 유체자극 현상
③ 하이드로플래닝 현상　　④ 플랫타이어 현상

해설 주변의 경관이 거의 흐르는 선과 같이 되어 눈을 자극하게 되는 현상을 유체자극(流體刺戟)이라한다.

정답　44 ③　45 ④　46 ③　47 ②

3. 안전 운행

문제 48 자동차의 정지거리에 대한 설명으로 맞는 것은?
① 공주거리와 제동거리를 합한 거리
② 운전자 반응시간 동안 이동한 거리
③ 브레이크가 작동하는 순간부터 정지할 때까지 이동한 거리
④ 작동거리라고도 표현한다.

해설
- 정지거리 = 공주거리 + 제동거리
- 공주거리 : 운전자 반응시간 동안 이동한 거리
- 제동거리 : 브레이크가 작동하는 순간부터 정지할 때까지 이동한 거리

문제 49 운전자가 위험을 인지하고 자동차를 정지하려고 시작하는 순간부터 자동차가 완전히 정지할 때까지 진행된 거리를 무엇이라 하는가?
① 공주거리
② 정지거리
③ 삭동거리
④ 제동거리

해설 운전자가 위험을 인지하고 자동차를 정지시키려고 시작하는 순간부터 자동차가 완전히 정지할 때까지의 시간을 정지시간이라고 하며, 이 시간 동안 진행한 거리를 정지거리라고 한다.

문제 50 자동차의 정지거리는?
① 공주거리 + 제동거리
② 공주거리 - 제동거리
③ 제동거리 × 공주거리
④ 공주거리 ÷ 감속거리

해설 정지거리 = 공주거리 + 제동거리

정답 48 ①   49 ②   50 ①

PART 01 이론 및 문제해설

문제 51 자동차의 일상점검 중 연료 및 냉각수가 충분한지, 새는 곳은 없는지 검사하는 것은 어떤 장치에 대한 점검인가?

① 원동기   ② 동력전달장치   ③ 조향장치   ④ 제동장치

해설 엔진오일량 및 오염, 누유, 냉각수와 누수, 연료량 등을 점검하는 것은 원동기의 일상점검에 해당한다.

문제 52 타이어의 공기압 점검은 자동차의 일상점검장치 중 어디에 해당하는가?

① 제동장치   ② 조향장치   ③ 완충장치   ④ 주행장치

해설 주행장치 점검 시에는 휠너트의 느슨함, 타이어의 이상마모와 손상, 공기압을 점검한다.

문제 53 차량점검 시 주의사항에 대한 설명으로 틀린 것은?

① 운행 전 점검을 실시한다.
② 운행 중에 조향핸들의 높이와 각도를 적절히 조정한다.
③ 적색 경고등이 들어온 상태에서는 절대로 운행하지 않는다.
④ 주차할 때에는 항상 주차브레이크를 사용한다.

해설 운행 전 조향핸들의 높이와 각도를 조절하여 운행 중에는 조정하지 않아야 한다.

문제 54 차량점검 및 주의사항으로 잘못된 것은?

① 트랙터 차량의 경우 트레일러 브레이크만을 사용하여 주차한다.
② 주차 브레이크를 작동시키지 않은 상태에서 절대로 운전석에서 떠나지 않는다.
③ 주차 시에는 항상 주차 브레이크를 사용한다.
④ 운행 전에 조향핸들의 높이와 각도가 맞게 조정되어 있는지 점검한다.

해설 트랙터 차량의 경우 트레일러 주차 브레이크는 일시적으로만 사용하고 트레일러 브레이크만을 사용하여 주차하지 않는다.

정답 51 ①   52 ④   53 ②   54 ①

문제 55 엔진에서 쇠가 부딪치는 듯한 금속성 이음이 발생되는 결함은?

① 브레이크 페달 이상
② 앞바퀴 정렬 이상
③ 브레이크 라이닝의 심한 마모
④ 밸브 간극 이상

해설 엔진의 이음은 회전수에 비례하여 발생하며 '따다다다다' 소리가 나게 된다. 이러한 현상은 밸브 간극의 이상이 있어 발생하고 간극을 적절히 조절하면 사라진다.

문제 56 주행하기 전에 차체에서 이상한 진동이 느껴질 때 고장으로 의심되는 부분은?

① 엔진
② 클러치
③ 조향장치
④ 브레이크

해설 주행 전 차체에 이상한 진동이 느껴질 때는 엔진에서의 고장이 주원인이다. 플러그 배선이 빠져있거나 플러그 자체가 나쁠 때 이런 현상이 나타난다.

문제 57 자동차 고장유형별 점검방법으로 연결이 올바른 것은?

① 엔진온도 과열 - 냉각수 및 엔진오일 양 점검
② 엔진오일 과다소모 - 타이어 공기압 점검
③ 매연 과다 발생 - 클러치 스위치 점검
④ 엔진 시동 불량 - 엔진 피스톤링 점검

해설
- 엔진오일 과다소모 시에는 엔진 피스톤링을 교환하거나 실린더라이너를 교환하여야 한다.
- 매연이 과다 발생 시에는 에어클리너 오염 확인 후 청소하거나 덕트 내부를 확인하고, 밸브 간극을 조정하여야 한다.
- 엔진 시동 불량 시에는 플라이밍 펌프를 점검한다.

정답 55 ④ 56 ① 57 ①

문제 58 **섀시 계통 고장 중 제동 시 차량 쏠림현상이 발생하는 경우 점검 방법으로 맞지 않는 것은?**

① 좌·우 타이어의 공기압 점검
② 좌·우 브레이크 라이닝 간극 및 드럼손상 점검
③ 클러치 스위치 점검
④ 브레이크 에어 및 오일 파이프 점검

해설 섀시 계통 고장 중 제동 시 차량 쏠림이 나타나는 경우는 타이어와 브레이크 계열에 문제가 있는 경우이다. 클러치 스위치와는 관계가 없다.

문제 59 **엔진오일이 과다 소모되는 경우의 조치방법 중 맞지 않는 것은?**

① 엔진 피스톤 링 교환
② 실린더라이너 교환
③ 오일팬이나 개스킷 교환
④ 휠밸런스 조정

해설 엔진계통 엔진오일 과다 소모 시 조치방법은 엔진 피스톤 링 교환, 실린더라이너 교환, 실린더 교환이나 보링, 오일팬이나 개스킷 교환, 에어 클리너 청소 및 장착방법 준수 철저 등이다. 휠밸런스 조정은 조향장치 이상 시 조치방법이다.

문제 60 **내리막길에서 순간적으로 고단에서 저단으로 기어를 변속할 때 엔진 내부가 손상되는 것과 관련이 있는 것은?**

① 엔진 과회전(Over Revolution) 현상
② 엔진 온도 과열
③ 엔진 오일 과다 소모
④ 엔진 시동 꺼짐

해설 엔진 과회전(Over Revolution) 현상이 발생하면 내리막길 주행 변속 시 엔진 소리와 함께 재시동이 불가능해진다. 이럴 경우 엔진 내부를 확인하거나, 로커암 캡을 열고 푸시로드 휨 상태, 밸브 스템 등 손상을 확인하여야 하는데, 손상 상태가 심할 경우에는 실린더 블록까지 파손되므로 즉시 정비하여야 한다.

정답 58 ③ 59 ④ 60 ①

3. 안전 운행

문제 61 엔진 시동 꺼짐 현상에 대한 점검방법이 아닌 것은?

① 연료량 확인
② 엔진오일 및 필터 상태 점검
③ 연료파이프 누출 및 공기유입 확인
④ 연료 탱크 내 이물질 혼입 여부 확인

해설 엔진오일 및 필터 상태 점검은 엔진 매연 과다 발생 시 점검방법이다.

문제 62 혹한기 주행 중 시동 꺼짐 현상에 대한 조치방법이 아닌 것은?

① 인젝션 펌프 에어빼기 작업
② 워터 세퍼레이트 수분 제거
③ 연료 탱크 내 수분 제거
④ 엔진오일 및 필터 상태 점검

해설 혹한기 주행 중 시동이 꺼졌을 때는 인젝션 펌프 에어를 빼거나, 워터 세퍼레이트의 수분을 제거하거나, 연료 탱크 내 수분을 제거하는 조치를 취한다. 엔진오일 및 필터 상태 점검은 엔진 매연 과다 발생 시 점검방법이다.

문제 63 엔진 매연 과다 발생현상에 대한 점검사항이 아닌 것은?

① 연료파이프 누유 및 공기유입 확인
② 엔진오일 및 필터 상태 점검
③ 에어 클리너 오염상태 및 덕트 내부상태 확인
④ 연료의 질 분석 및 흡·배기 밸브 간극 점검

해설 연료파이프 누유 및 공기유입 확인은 엔진 시동 꺼짐 현상에 대한 점검사항이다.

정답 61 ② 62 ④ 63 ①

문제 64 **제동 시 차량 쏠림현상이 발생하는 경우 조치방법이 아닌 것은?**
① 타이어의 공기압 좌·우 동일하게 주입
② 좌·우 브레이크 라이닝 간극 재조정
③ P.T.O 스위치 교환
④ 브레이크 드럼 교환

해설 P.T.O(Power Take Off : 동력인출장치) 스위치를 교환하는 경우는 덤프의 작동이 불량한 경우이다.

문제 65 **엔진 매연 과다 발생현상에 대한 조치방법이 아닌 것은?**
① 에어 클리너 오염 확인 후 청소
② 에어 클리너 덕트 내부 확인(부풀음 또는 폐쇄 확인하여 흡입 공기량이 충분토록 조치)
③ 연료파이프 누유 및 공기유입 확인
④ 밸브간극 조정 실시

해설 연료파이프 누유 및 공기유입 확인은 엔진 시동 꺼짐 시 조치방법이다.

문제 66 **길어깨의 역할이 아닌 것은?**
① 고장차가 본선차도로부터 대피할 수 있고 사고 시 교통의 혼잡을 방지하는 역할을 한다.
② 측방 여유폭을 가지므로 교통의 안전성과 쾌적성에 기여한다.
③ 유지관리 작업장이나 지하매설물에 대한 장소로 제공된다.
④ 자동차의 차도이탈을 방지한다.

해설 자동차의 차도이탈을 방지하는 것은 곡선부 방호울타리의 기능이다.

정답 64 ③ 65 ③ 66 ④

3. 안전 운행

문제 67 길어깨에 대한 설명으로 가장 거리가 먼 것은?
① 차도와 길어깨를 구획하는 노면표시는 교통사고를 증가시킨다.
② 일반적으로 길어깨의 폭이 넓을수록 교통사고 예방효과가 커진다.
③ 길어깨가 토사나 자갈 또는 잔디로 된 것보다 포장된 노면이 더 안전하다.
④ 길어깨는 고장차량을 주행차로 밖으로 이동 또는 대피시키는 장소로 유용하게 이용된다.

해설 일반적으로 차도와 길어깨를 구획하는 노면표시를 하면 교통사고는 감소한다.

문제 68 일반적으로 갓길(길어깨)이 넓으면 안전성이 높아지는 이유와 가장 거리가 먼 것은?
① 차량의 이동공간이 넓기 때문이다.
② 시계가 넓기 때문이다.
③ 교통지도를 할 수 있는 공간이 넓기 때문이다.
④ 고장차량을 주행차로 밖으로 이동할 수 있기 때문이다.

해설 교통지도와 안전성은 관련이 없다.

문제 69 중앙분리대의 주된 기능으로 맞지 않는 것은?
① 상하 차도의 교통 분리
② 필요에 따라 유턴(U-Turn) 방지
③ 추돌사고의 방지
④ 충돌차량의 속도를 줄여주는 기능

해설 추돌사고는 앞차의 후미를 뒤차가 충격하는 것을 말한다. 중앙분리대는 충돌사고를 방지하는 데 효과적이다.

정답 67 ① 68 ③ 69 ③

문제 70 중앙분리대로 설치되는 방호울타리의 기능이 아닌 것은?
① 차량의 횡단을 방지할 수 있는 기능
② 충돌차량의 속도를 줄일 수 있는 기능
③ 충돌차량이 튕겨 나가도록 하는 기능
④ 충돌차량의 손상을 적게 하는 기능

해설 중앙분리대로 설치된 방호울타리는 차량의 횡단을 방지, 감속, 튕겨나가지 않도록 하며 차량 손상이 적도록 하는 기능을 한다.

문제 71 다음 중 중앙분리대의 종류가 아닌 것은?
① 방호울타리형
② 연석형
③ 광폭형
④ 교량형

해설 중앙분리대에는 방호울타리형, 연석형, 광폭형이 있다.

문제 72 일반적으로 중앙분리대를 설치하면 어떤 유형의 교통사고가 가장 크게 감소하는가?
① 정면충돌사고
② 추돌사고
③ 직각충돌사고
④ 측면접촉사고

해설 중앙분리대의 가장 큰 설치 이유는 정면충돌사고를 물리적으로 차단하여 사고건수를 현저히 감소시키려는 것이다.

문제 73 서로 반대방향으로 주행 중인 자동차 간의 정면충돌사고를 예방하기 위한 방법으로 가장 효과적인 것은?
① 길어깨 확장
② 중앙분리대 설치
③ 감속표지판 설치
④ 차로폭 확장

해설 정면충돌사고를 예방하기 위한 가장 효과적인 방법은 중앙분리대를 설치하는 것이다.

정답 70 ③ 71 ④ 72 ① 73 ②

3. 안전 운행

문제 74 교량과 교통사고의 관계에 대한 설명으로 틀린 것은?
① 교량 접근로 폭에 비하여 교량 폭이 좁을수록 교통사고위험이 더 높다.
② 교량 접근로 폭과 교량 폭 간의 차이는 교통사고위험에 영향을 미치지 않는다.
③ 교량 접근로 폭과 교량 폭이 같을 때 교통사고율이 가장 낮다.
④ 교량 접근로 폭과 교량 폭이 달라도 효과적인 교통통제시설 설치로 사고를 줄일 수 있다.

해설 교량의 접근로 폭과 교량 폭의 차이는 교통사고와 밀접한 관계에 있다.

문제 75 양방향 차로의 수를 합한 것을 무엇이라 하는가?
① 차로수
② 오르막차로
③ 회전차로
④ 차선수

해설 차량이 주행하는 곳을 차로라 하고, 차로와 차로를 구분하는 선을 차선이라 한다. 차로수를 셀 때에는 양방향의 차로를 모두 합하여 셈한다.

문제 76 운전자가 같은 차로상에 장애물을 인지하고 안전하게 정지하기 위해 필요한 거리로서 차로 중심선상 1m의 높이에서 그 차로의 중앙에 있는 높이 15cm의 물체의 맨 윗부분을 볼 수 있는 거리를 그 차로의 중심선에 따라 측정한 길이를 무엇이라 하는가?
① 곡선시거
② 제한시거
③ 앞지르기시거
④ 정지시거

해설 문제는 정지시거의 정의에 관한 설명이다.

정답 74 ② 75 ① 76 ④

문제 77 측대에 대한 설명으로 올바른 것은?

① 도로를 보호하고 비상시에 이용하기 위하여 차도에 접속하여 설치하는 도로의 부분
② 차도를 통행의 방향에 따라 분리하고 옆부분의 여유를 확보하기 위하여 도로의 중앙에 설치하는 분리대와 측대
③ 차도를 통행의 방향에 따라 분리하거나 성질이 다른 같은 방향의 교통을 분리하기 위하여 설치하는 도로의 부분이나 시설물
④ 운전자의 시선을 유도하고 옆부분의 여유를 확보하기 위하여 중앙분리대 또는 길어깨에 차도와 동일한 횡단경사와 구조로 차도에 접속하여 설치하는 부분

해설 측대라 함은 운전자의 시선을 유도하고 옆부분의 여유를 확보하기 위하여 중앙분리대 또는 길어깨에 차도와 동일한 횡단경사와 구조로 차도에 접속하여 설치하는 부분을 말한다.
- 길어깨 : 도로를 보호하고 비상시에 이용하기 위하여 차도에 접속하여 설치하는 도로의 부분
- 중앙분리대 : 차도를 통행의 방향에 따라 분리하고 옆부분의 여유를 확보하기 위하여 도로의 중앙에 설치하는 분리대와 측대
- 분리대 : 차도를 통행의 방향에 따라 분리하거나 성질이 다른 같은 방향의 교통을 분리하기 위하여 설치하는 도로의 부분이나 시설물

문제 78 평면곡선부에서 자동차가 원심력에 대항할 수 있도록 하기 위하여 설치하는 것을 무엇이라 하는가?

① 시설한계
② 편경사
③ 종단경사
④ 급경사

해설 편경사란 평면곡선부에서 자동차가 원심력에 대항할 수 있도록 하기 위하여 설치하는 횡단경사를 말한다.

문제 79 방어운전을 위하여 운전자가 갖추어야 할 기본사항이 아닌 것은?

① 능숙한 운전기술
② 자기중심 운전태도
③ 정확한 운전지식
④ 세심한 관찰력

해설 방어운전을 위해 능숙한 운전기술, 정확한 운전지식, 세심한 관찰력, 예측능력과 판단력, 양보와 배려의 실천, 교통상황 정보수집, 반성의 자세, 무리한 운행 배제 등이 필요하다.

정답 77 ④ 78 ② 79 ②

3. 안전 운행

문제 80 방어운전의 요령으로 가장 적절한 것은?

① 다른 차량이 끼어들 우려가 있는 경우에는 다른 차량과 거리를 두고 주행하도록 한다.
② 차량이 많을 때는 속도를 가속하여 다른 차들을 앞서야 한다.
③ 대형차를 뒤따를 때는 신속히 앞지르기를 하여 대형차 앞으로 이동한다.
④ 뒤에서 다른 차가 접근해 올 경우에는 빠르게 가속하여 뒤차와의 거리를 멀리한다.

해설
- 차량이 많을 때에는 속도를 유지하면서 다른 차들과 적정 간격을 유지하여야 한다.
- 대형차를 뒤따를 때는 급정거, 낙하물 충격 등의 우려가 있으므로 충분한 안전거리를 확보하면서 주행한다.
- 뒤에서 다른 차가 접근해 올 경우에는 저속주행 차로로 변경하여 양보하거나, 일정속도를 유지하여 앞지르기할 수 있도록 배려한다. 바짝 뒤따라 올 때에는 가볍게 브레이크 페달을 밟아 제동등을 켜서 경고해준다.

문제 81 방어운전의 요령에 대한 설명으로 옳은 것은?

① 다른 차량이 끼어들 우려가 있는 경우에는 다른 차량과 나란히 주행하도록 한다.
② 차량이 많을 때는 속도를 가속하여 다른 차들을 앞서야 한다.
③ 대형차의 뒤를 따를 때는 신속한 앞지르기를 하여 대형차 앞에서 주행하도록 한다.
④ 뒤차가 바짝 뒤따라올 때는 가볍게 브레이크 페달을 밟아 제동등을 켠다.

해설
- 다른 차량이 끼어들 우려가 있는 경우에는 다른 차량과 거리를 두고 주행한다.
- 차량이 많을 때는 속도를 유지하면서 다른 차들과 적정 간격을 유지한다.
- 대형차를 뒤따를 때는 충분한 안전거리를 확보한다.

문제 82 운행 시 속도조절에 대한 설명 중 틀린 것은?

① 교통량이 많은 곳에서는 속도를 줄여서 주행한다.
② 노면상태가 나쁜 도로에서는 속도를 줄여서 주행한다.
③ 해질 무렵, 터널 등 조명조건이 나쁠 때에는 속도를 줄여서 주행한다.
④ 곡선반경이 큰 도로에서는 속도를 줄인다.

해설 곡선반경이 작은 도로에서는 속도를 줄여야 한다.

정답 80 ① 81 ④ 82 ④

문제 83 운행 중 추월방법에 대한 설명으로 맞는 것은?
① 추월 후에 앞차에게 신호를 한다. ② 반드시 안전을 확인한 후 시행한다.
③ 추월은 아무데서나 가능하다.　　④ 추월 시 최대 속도로 한다.

해설　추월은 앞지르기가 허용된 지역에서만 해야 한다.

문제 84 입체교차로에 대한 설명 중 맞는 것은?
① 색채별로 분리하는 기능　　② 암묵적으로 분리하는 기능
③ 시간적으로 분리하는 기능　　④ 공간적으로 분리하는 기능

해설　신호기는 교통 흐름을 시간적으로 분리하고, 입체교차로는 교통흐름을 공간적으로 분리한다.

문제 85 교통사고가 잦은 교차로에서 교통흐름을 공간적으로 분리하여 교통사고 예방효과를 얻을 수 있는 방법은?
① 입체교차로 개선　　② 교통신호 주기의 개선
③ 평면교차로 포장 개선　　④ 교차로 속도규제 강화 및 카메라 설치

해설　교통의 흐름을 공간적으로 분리하는 기법은 입체교차로 설치이다.

문제 86 평면교차로를 안전하게 통과하는 운전요령으로 틀린 것은?
① 신호는 운전자 자신의 눈으로 확인한다.
② 직진할 경우에는 좌·우회전하는 차량에 주의한다.
③ 좌·우회전할 때에는 방향지시등을 정확히 켠다.
④ 교차로 내에 진입하였으나 황색신호이면 반드시 정차한다.

해설　황색신호에 교차로 내에 남아있게 되면 대단히 위험하므로 신속히 빠져나간다.

정답 83 ②　84 ④　85 ①　86 ④

3. 안전 운행

문제 87 간선도로와 비교할 때 이면도로의 교통사고 위험요인으로 볼 수 없는 것은?

① 차의 속도가 간선도로보다 빠르다.
② 좁은 도로가 많이 교차하고 있다.
③ 도로의 폭이 좁고 안전시설이 미흡하다.
④ 차량과 보행자가 혼재하는 경우가 많다.

해설 이면도로는 차량의 속도가 간선도로보다 느린 특성이 있다.

문제 88 커브길의 안전한 진입, 진행, 진출 방법과 거리가 먼 것은?

① 커브의 경사도나 도로폭 등을 미리 확인한다.
② 진입하기 전에 감속한다.
③ 빠르게 진입하여 서서히 진출한다.
④ 야간에는 전조등을 사용하여 내 차의 존재를 사전에 경고한다.

해설 가장 안전한 커브길 주행방법은 슬로우인(Slow-In), 패스트아웃(Fast-Out)으로 알려져 있다. 즉, 천천히 진입하고 빠르게 진출하라는 의미이다.

문제 89 차로폭이 좁은 경우 안전운전 방법으로 적절한 것은?

① 속도를 낸다.
② 중립주행을 한다.
③ 기어를 뺀다.
④ 감속운행을 한다.

해설 차로폭이 좁은 경우는 보행자, 노약자, 어린이 등에 주의하여 즉시 정지할 수 있는 안전한 속도로 감속운행하여야 한다.

정답 87 ① 88 ③ 89 ④

문제 90 다른 차가 자신의 차를 앞지르기할 때의 안전운전 요령이 아닌 것은?

① 자신의 차량 속도를 앞지르기를 시도하는 차량의 속도 이하로 적절히 감속한다.
② 주행하던 차로를 그대로 유지한다.
③ 다른 차가 안전하게 앞지르기할 수 있도록 배려한다.
④ 앞지르기 금지장소에서는 앞지르기하는 차의 진로를 막아 위험을 방지한다.

해설 앞지르기 금지장소라 하더라도 앞지르기를 시도하는 차량의 진로를 막아서는 안 되며 해당 행위는 대단히 위험한 것으로 도로교통법에서 엄격히 금지하고 있다.

문제 91 야간 안전운전요령에 대한 설명으로 틀린 것은?

① 차의 실내는 가급적 밝은 상태로 유지한다.
② 자동차가 교행할 때는 전조등을 하향 조정한다.
③ 주간에 비하여 속도를 낮추어 주행한다.
④ 해가 저물면 곧바로 전조등을 점등한다.

해설 실내를 불필요하게 밝게 하지 말아야 한다.

문제 92 다음은 여름철 자동차 운행과 관련된 설명이다. 옳지 않은 것은?

① 빗길 미끄럼 예방 등을 위하여 타이어 트레드 홈 깊이는 1.0mm 이상을 유지한다.
② 습도 상승으로 불쾌지수가 높아져 난폭운전의 우려가 있다.
③ 빗길 고속운전은 수막현상에 의한 교통사고위험을 수반한다.
④ 수막현상이 발생하는 경우의 빗길은 빙판길처럼 미끄럽다.

해설 과마모 타이어는 빗길에서 잘 미끄러질뿐더러 제동거리가 길어지므로 교통사고의 위험이 높다. 노면과 맞닿는 부분인 요철형 무늬의 깊이(트레드 홈 깊이)가 최저 1.6mm 이상이 되는지를 확인하고 적정 공기압을 유지하고 있는지 점검한다.

정답 90 ④ 91 ① 92 ①

3. 안전 운행

문제 93 과마모된 타이어는 빗길에서 잘 미끄러지고 제동거리가 길어지므로 이를 예방하기 위해 노면과 맞닿는 트레드 홈 깊이(요철형 무늬의 깊이)는 얼마 이상으로 유지하여야 하는가?

① 1.6mm
② 1.3mm
③ 1.0mm
④ 0.7mm

해설 트레드 홈 깊이는 1.6mm 이상 유지하여야 한다.

문제 94 다음 중 여름철 자동차 관리 요령과 거리가 먼 것은?

① 출발 전 차내 공기를 환기시켜 더운 공기가 빠져나간 다음에 운행한다.
② 잦은 비에 대비하여 와이퍼의 정상작동 여부를 점검한다.
③ 물에 잠겼던 자동차는 배선부분의 전기 합선이 일어나지 않도록 점검한다.
④ 빗길 미끄럼 사고에 대비하여 타이어 트레드 홈의 깊이가 최소 1.0mm 이상인지 확인한다.

해설 타이어 트레드 홈의 깊이는 최소 1.6mm 이상이어야 한다.

문제 95 여름철 무더운 날씨에는 엔진이 쉽게 과열된다. 이러한 현상이 발생되지 않도록 점검해야 할 사항으로 가장 관련이 없는 것은?

① 냉각수의 양
② 타이어의 공기압
③ 냉각수 누수 여부
④ 팬벨트의 여유분 휴대 여부

해설 타이어의 공기압은 엔진 과열과는 관련이 없다.

정답 93 ① 94 ④ 95 ②

문제 96 여름철 불쾌지수가 높아진 상태에서의 운전자 특성에 대한 설명 중 옳지 않은 것은?

① 난폭운전 경향이 높다.
② 다른 사람이 불쾌하지 않게 경음기 사용을 자제하는 경향이 있다.
③ 사소한 일에도 언성을 높이는 경향이 있다.
④ 수면 부족이 졸음운전으로 이어지기도 한다.

해설 여름철 불쾌지수가 상승하면 불필요하게 경음기를 사용하는 경우가 많아진다.

문제 97 위험물 수송 탱크로리의 안전운전에 대한 설명으로 틀린 것은?

① 적재차량은 빈 차보다 차량 높이가 높아지므로 위쪽이 부딪히지 않게 주의한다.
② 도로교통 관련법규, 위험물취급 관련법규 등을 철저히 준수하여 운행한다.
③ 부득이하게 소속회사가 정한 운행경로를 변경하는 때에는 사전에 연락한다.
④ 터널을 통과하는 경우 전방 이상사태 발생유무를 확인하면서 진입한다.

해설 적재차량은 화물의 무게로 인해 차체가 무거워지게 되므로 빈 차량보다 높이가 낮아지게 된다.

문제 98 위험물을 운송할 때 주의사항으로 옳지 않은 것은?

① 육교 등의 아래 부분에 접촉할 우려가 있는 경우에는 다른 길로 우회하여 운행한다.
② 위험물을 이송하고 만차로 육교 밑을 통과할 경우 적재차량보다 차의 높이가 낮게되므로 예전에 통과한 장소라면 주의할 필요 없이 통과한다.
③ 육교 밑을 통과할 때에는 높이에 주의하여 서서히 운행하여야 한다.
④ 터널에 진입하는 경우는 전방에 이상사태가 발생하지 않았는지 표시등을 확인하면서 진입하여야 한다.

해설 예전에 통과한 장소라도 육교 밑을 통과할 때에는 늘 높이에 주의하여 서서히 운행하여야 한다.

정답 96 ②   97 ①   98 ②

문제 99 위험물(가스) 수송차량의 운전자가 주의할 사항으로 옳지 않은 것은?

① 운행 및 주차 시의 안전조치와 재해발생 시에 취해야 할 조치를 숙지한다.
② 운송 중은 물론 정차 시에도 허용된 장소 이외에서는 흡연이나 그 밖의 화기를 사용하지 않는다.
③ 가스탱크 수리는 주변과 차단된 밀폐된 공간에서 한다.
④ 지정된 장소가 아닌 곳에서는 탱크로리 상호 간에 취급물품을 입·출하시키지 말아야한다.

해설 수리를 할 때에는 통풍이 양호한 장소에서 실시하여야 한다.

문제 100 가스 저장시설로부터 차량에 고정된 탱크로 가스를 주입할 때 취할 조치로 잘못된 것은?

① 차량의 엔진이나 전기장치로 인한 스파크 발생에 주의한다.
② 차량이 움직이지 않도록 바퀴를 고정목 등으로 확실하게 고정시킨다.
③ 불의의 화재발생에 대비하여 소화기를 즉시 사용할 수 있는가를 확인한다.
④ 위험한 작업이므로 운전자는 가급적 차량으로부터 멀리 떨어져 있도록 한다.

해설 운전자는 이입작업이 종료될 때까지 탱크로리차량의 긴급차단장치 부근에 위치하여야 한다.

문제 101 위험물을 이입작업할 때 취해야 할 조치사항 중 옳지 않은 것은?

① 정전기 제거용 접지코드를 기지(基地)의 접지텍에 접촉한다.
② 부근의 화기가 없는가를 확인한다.
③ 차량이 앞뒤로 움직일 수 있도록 사이드 브레이크를 푼다.
④ 만일의 화재에 대비하여 소화기를 즉시 사용할 수 있도록 할 것

해설 이입작업 시에는 차량이 앞뒤로 움직이지 않도록 차바퀴의 전후를 차바퀴 고정목 등으로 확실하게 고정시켜야 한다.

정답 99 ③ 100 ④ 101 ③

문제 102 **차량에 고정된 탱크를 안전하게 운행하기 위한 운행 전 점검사항으로 거리가 먼 것은?**

① 밸브류가 확실히 닫혀 있는지 확인한다.
② 호스 접속구의 캡이 부착되어 있는지 확인한다.
③ 동력전달장치 접속부의 이완 여부를 확인한다.
④ 위험물취급 교육이수증 소지 여부를 확인한다.

해설 위험물취급교육이수증은 점검사항이 아니다.

문제 103 **탱크로리의 위험물 운송과 관련된 주의사항으로 틀린 것은?**

① 빈 차의 경우 적재차량보다 차의 높이가 높게 되므로 적재차량이 통과한 장소라도 주의한다.
② 차를 수리할 때는 통풍이 양호한 장소에서 수리한다.
③ 저온 및 초저온 가스의 경우에는 가죽장갑 등을 끼고 작업한다.
④ 이송 후에는 밸브의 누출 여부에 관계없이 개폐는 신속히 한다.

해설 이송 전·후에 밸브의 누출 유무를 점검하고 개폐는 서서히 행하여야 한다.

문제 104 **고압가스 충전용기를 적재한 차량의 주·정차 시 준수할 사항으로 옳지 않은 것은?**

① 가능한 한 평탄한 곳에 주차시킬 것
② 교통량이 적은 안전한 장소에 주차시킬 것
③ 주택 및 상가 등이 밀집된 지역에 주차할 것
④ 엔진 정지 후 사이드 브레이크 작동시키고 차바퀴를 고정목으로 고정시킬 것

해설 만일의 사태에 대비하여 고압가스 충전용기를 적재한 차량은 주택 및 상가 밀집지역에 주차하여서는 안 된다.

정답 102 ④   103 ④   104 ③

문제 105 고압가스 충전용기를 적재한 차량을 주차 또는 정차시킬 때의 주의사항으로 틀린 것은?

① 주·정차 장소는 가급적 평탄하고 교통량이 적은 안전한 장소를 택한다.
② 운반 책임자와 운전자는 함께 위험물 차량에서 멀리 벗어나 휴식을 취해도 된다.
③ 고장으로 정차하는 경우에는 고장자동차의 표지 등을 설치하여 다른 차와의 충돌을 피하기 위한 조치를 취한다.
④ 주차할 때에는 엔진을 정지시킨 후 사이드브레이크를 걸어 놓고 반드시 차바퀴를 고정목 등으로 고정시킨다.

해설 운반 책임자와 운전자는 부득이한 경우를 제외하고는 당해 차량에서 동시에 이탈하지 않도록 한다.

정답 105 ②

4. 운송서비스

01. 고객만족을 위한 수요창출의 최첨단에 있고, 대고객서비스의 수준을 높이는 일선 근무자는 바로 운전자이다.

02. 관심을 가져주길 바라는 것은 고객의 기본적인 욕구이다.
그 외에도 고객은 편안해지고 싶고, 기대와 욕구를 수용하여 주기를 바라는 욕구를 가지고 있다.

03. 서비스 품질의 분류는 상품품질, 영업품질, 서비스 품질로 구분된다.

04. 고객이 현장사원 등과 접하는 환경과 분위기를 고객만족 쪽으로 실현하기 위한 소프트웨어(Software) 품질은 영업품질로서, 고객에게 상품과 서비스를 제공하기까지의 모든 영업활동을 고객지향적으로 전개하여 고객만족도 향상에 기여하도록 한다.

05. 추측운전은 삼가야 한다.

06. **화물차량 작업상 예상되는 어려움**
- 화물의 특수수송에 따른 운임에 대한 불안감
- 공로운행에 따른 타 차량과 교통사고에 대한 위기의식 잠재
- 주·야간의 운행으로 불규칙한 생활의 연속
- 차량의 장시간 운전으로 제한된 작업 공간 부족(차내 운전)

07. **운행 전 운전자 확인사항**
운행 전 운전자는 배차사항 및 지시, 전달사항을 확인하고 적재물의 특성을 확인하여 특별한 안전조치가 요구되는 화물에 대해서는 사전 안전장비를 장치하거나 휴대한 후 운행하여야 한다.

08. • **경영정보시스템** : 경영 관련 정보를 필요에 따라 즉각적, 대량으로 수집하고 처리하는 시스템

09. • **전사적 자원관리** : 제품이나 서비스를 만드는 모든 작업자가 책임을 나누어 갖는 것

10. - **공급망관리** : 공급망 내에서 각 기업 간의 협력을 통해 서비스의 흐름 과정을 통합적으로 운영

11. - **효율적 고객대응** : 공급망 관리의 효율성을 극대화하여 소비자 만족을 유도

12. 하역작업의 대표적인 방식은 컨테이너(container)화와 팔렛트(pallet)화이며, 컨테이너 화물과 팔렛트 화물은 기계를 사용하여 하역하는데 크레인, 지게차, 컨베이어 등이 이용된다.

13. **물류의 6대 기능**
    - **운송기능** : 운송에 의해서 생산지와 수요지와의 공간적 거리가 극복되어 상품의 장소적 효용을 창출
    - **포장기능** : 물품의 가치를 유지하기 위해 용기 등을 이용하여 보호하는 활동
    - **보관기능** : 물품을 보관시설에 보관하는 활동으로 생산과 소비의 시간적 차이를 극복
    - **하역기능** : 수송과 보관과정의 끝에서 행해지는 활동
    - **정보기능** : 물류정보를 수집, 가공하여 제공함으로써 효율성 향상
    - **유통가공기능** : 재포장, 조립 등을 통해 상품의 부가가치를 높이는 활동

14. 물류네트워크의 평가와 감사를 위한 일반적 지침은 수요, 고객서비스, 제품특성, 물류비용, 가격결정 정책이다.

15. 물적 유통과정이란 생산된 재화가 최종 고객이나 소비자에게까지 전달되는 물류과정을 의미한다.

16. 물류의 발전방향은 비용절감, 요구되는 수준의 서비스 제공, 기업의 성장을 위한 물류전략의 개발 등이다. 재고량은 감소시키는 방향으로 발전한다.

17. 물류계획 수립 3단계는 전략 - 전술 - 운영이다.

18. **물류업 구분**
    - **자사물류(=제1자 물류)** : 화주 기업이 사내에 자체적인 물류조직을 운영하여 물류업을 수행
    - **물류자회사(=제2자 물류)** : 화주 기업이 사내의 물류조직을 분리하여 자회사로 독립 운영
    - **제3자 물류** : 화주 기업이 사내의 일부 혹은 모든 물류활동을 외부에 위탁하는 경우
    - **제4자 물류** : 제3자 물류+컨설팅

19. **공급망 관리**
    재창조 단계(Reinvention)란 공급망에 참여하고 있는 복수의 기업과 독립된 공급망 참여자들 사이에 협력을 넘어서 공급망의 계획과 동기화에 의해 가능한 것으로, 재창조는 참여자의 공급망을 통합하기 위해서 비즈니스 전략을 공급망 전략과 제휴하면서 전통적인 공급망 컨설팅 기술을 강화하는 것을 의미한다.
    공급망관리가 표방하는 것은 종합물류이다.

20. 현상적인 시각에서의 재화의 이동은 교통이다.

21. 운반은 한정된 공간과 범위 내에서의 재화의 이동을 말한다.

22. 진동, 소음, 스모그 등 공해문제와 수송단가가 상대적으로 높은 것은 트럭수송의 단점이다.

23. **화물자동차운송의 특징**
    - 철도나 선박을 이용한 운송은 추가적인 수송절차가 필요하거나 누군가가 받는 사람에게 전달해 주거나 받는 사람이 어디론가 이동을 해야만 받을 수 있다. 이에 비해 트럭은 바로 집까지 배송이 가능하므로 철도나 선박에 비해 선호도가 높은 장점을 가진다. 이를 도어투도어 서비스(Door-to-Door Service)라 부른다.
    - 운송단위가 소량인 것은 화물자동차 운송의 특징이다.
    - 화물자동차 운송의 가장 큰 특징은 기동성과 신속성이다.

24. **포장** : 물품의 운송·보관 등에 있어서 물품의 가치와 상태를 보호하는 것

25. **실차율** : 주행거리에 대해 실제로 화물을 싣고 운행한 거리의 비율

26. **운수 배송활동 3단계** : 계획 - 실시 - 통제

27. **수·배송 관리시스템** : 주문상황에 대해 최적의 수·배송계획을 수립함으로써 수송비용을 절감하려는 시스템

28. 고빈도 소량의 수송체계는 필연적으로 물류코스트(가격)의 상승을 가져온다.

29. 매상증대와 비용감소 둘 중 하나라도 실현시킬 수 있다면 사업의 존속이 가능하다.

30. **주파수 공용통신의 도입효과**
    - 메시지 전달, 화물추적기능으로 지연사유 분석이 가능해져 표준운행기록 가능

- 배차계획의 수립과 수정이 가능
- 차량 위치추적 가능으로 도착시간 예측, 고장차량의 재배치 및 분실화물 추적, 책임자 파악이 가능

31. **신속대응(QR, Quick Response)** : 신속하고 민첩한 체계를 활용하는 서비스 기법

32. **가상기업** : 급변하는 상황에 민첩하게 대응하기 위한 전략적 기업제휴

33. **재고신뢰성** : 품절, 백오더, 주문충족률, 납품률 등을 통칭하는 말로 재고품으로 주문품을 공급할 수 있는 정도를 의미

34. **서비스 수준의 향상 목표**
    - 수주부터 도착까지의 리드타임 단축
    - 소량출하체제
    - 긴급출하 대응 실시
    - 수주마감시간 연장

35. 고객의 물류클레임 중 제품의 품질만큼 중요하게 여기는 것으로는 오손, 파손, 오품, 수량오류, 오량, 오출하, 전표오류, 지연 등이 있다.

36. 이어타기 수송이란 도킹수송과 유사한 것으로 중간지점에서 운전자만 교체하는 수송방법을 말한다.

문제 01
로지스틱스 회사에서 고객만족을 위한 수요창출에 누구보다 중요한 위치를 점하고 있는 일선 근무자는?

① 최고경영자
② 임원
③ 운전자
④ 중간관리자

해설 고객만족을 위한 수요창출의 최첨단에 있고, 대고객서비스의 수준을 높이는 일선 근무자는 바로 운전자이다.

문제 02
고객의 욕구라고 할 수 없는 내용은?

① 기억되기를 바란다.
② 관심을 가지는 것을 싫어한다.
③ 환영받고 싶어한다.
④ 중요한 사람으로 인식되기를 바란다.

해설 관심을 가져주길 바라는 것은 고객의 기본적인 욕구이다.
그 외에도 고객은 편안해지고 싶고, 기대와 욕구를 수용하여 주기를 바라는 욕구를 가지고 있다.

문제 03
고객이 현장사원 등과 접하는 환경과 분위기를 고객만족 쪽으로 실현하기 위한 소프트웨어(Software) 품질은?

① 영업품질
② 상품품질
③ 서비스 품질
④ 기대품질

해설 고객이 현장사원 등과 접하는 환경과 분위기를 고객만족 쪽으로 실현하기 위한 소프트웨어(Software) 품질은 영업품질로서, 고객에게 상품과 서비스를 제공하기까지의 모든 영업활동을 고객지향적으로 전개하여 고객만족도 향상에 기여하도록 한다.

정답 01 ③ 02 ② 03 ①

문제 04 고객만족을 위한 서비스 품질의 분류에 속하는 것은?

① 경험품질
② 소비품질
③ 영업품질
④ 신뢰품질

해설 서비스 품질의 분류는 상품품질, 영업품질, 서비스 품질로 구분된다.

문제 05 고객만족을 위한 서비스 품질로 볼 수 없는 것은?

① 기대품질
② 상품품질
③ 영업품질
④ 서비스 품질(휴먼웨어 품질)

해설 고객만족을 위한 서비스 품질은 상품, 영업, 서비스 품질로 구분된다.

문제 06 고객의 결정에 영향을 미치는 결정적 요인이라고 볼 수 없는 것은?

① 구전에 의한 의사소통
② 개인적인 성격이나 환경적 요인
③ 과거의 경험
④ 국제금융정세

해설 서비스 제공자들의 커뮤니케이션도 고객의 결정에 영향을 미친다.
국제적인 금융정세는 고객의 결정에 영향을 미치는 결정적 요인이라고 보기 어렵다.

문제 07 고객만족을 위한 행동예절 중 인사할 때의 마음가짐에 관한 설명 중 잘못된 것은?

① 정중하게 한다.
② 의례적으로 한다.
③ 밝은 미소로 한다.
④ 인사하는 지점의 상대방과의 거리는 약 2m 정도가 좋다.

해설 의례적인 인사란 고객이니까, 어쩔 수 없이 해야만 하니까 하는 인사를 말한다.

정답 04 ③   05 ①   06 ④   07 ②

문제 08 다음 중 고객 대면 시 인사하는 마음가짐으로 적합하지 않은 것은?

① 예절바르고 정중하게 하여야 한다.
② 정성과 미안한 마음으로 하여야 한다.
③ 밝고 상냥한 미소로 하여야 한다.
④ 경쾌하고 겸손한 인사말과 함께 하여야 한다.

해설 인사의 마음가짐은 정성과 감사의 마음으로, 예절바르고 정중하게, 밝고 상냥한 미소로, 경쾌하고 겸손한 인사말과 함께 하는 것이다. 미안한 마음으로 하는 것은 아니다.

문제 09 대화를 나눌 때 올바른 언어예절이라 할 수 있는 것은?

① 엉뚱한 곳을 보고 이야기한다.
② 상대방 약점을 가끔 지적하면서 이야기한다.
③ 일부분을 듣고 전체를 속단하여 말하지 않는다.
④ 매사 쉽게 흥분한다.

해설 전체를 다 듣고 공정하고 객관적으로 판단한 후 말하여야 한다.

문제 10 담배꽁초의 처리방법으로 가장 적절한 것은?

① 꽁초를 손가락으로 튕겨 버린다.
② 꽁초를 바닥에다 버리고 발로 밟아 버린다.
③ 차창 밖으로 버리지 않는다.
④ 화장실 변기에 버린다.

해설 담배꽁초는 반드시 재떨이에 버리고, 차창 밖으로 버려서는 안 된다. 화장실 변기에 버려서도 안 되고 바닥에 버린 후 발로 밟지 않는다. 손가락으로 튕겨서도 안 된다.

정답 08 ② 09 ③ 10 ③

문제 11 운전자가 가져야 할 기본적 자세라고 볼 수 없는 것은?

① 추측운전
② 교통법규의 이해와 준수
③ 여유있고 양보하는 마음으로 운전
④ 몸과 마음의 안정적인 상태 유지

해설 추측운전은 삼가야 한다.

문제 12 화물차량 작업상 예상되는 어려움으로 볼 수 없는 것은?

① 화물의 특수수송에 따른 운임에 대한 불안감
② 공로운행에 따른 타 차량과 교통사고에 대한 위기의식 잠재
③ 주·야간의 운행으로 불규칙한 생활의 연속
④ 차량의 장시간 운전으로 운전능력 향상

해설 차량의 장시간 운전으로 제한된 작업공간 부족(차내 운전)이 화물차량 작업상 예상되는 어려움이다. 운전능력이 향상되는 것은 어려움이라 볼 수 없다.

문제 13 운전자의 신상변동 등이 발생했을 경우에 대한 조치로 부적절한 것은?

① 결근, 지각, 조퇴가 필요한 경우 회사에 즉시 보고
② 운전면허 일시정지, 취소 등의 면허 행정 처분 시 즉시 회사에 보고하고 어떠한 경우라도 운전 금지
③ 운전면허 기재사항 변경 시는 회사보고 생략
④ 질병 등 신상변동 시 회사에 즉시 보고

해설 운전면허 기재사항 변경 시에도 회사에 즉시 보고하여야 한다.

정답 11 ① 12 ④ 13 ③

문제 14 운행 전 주의사항에 해당하는 것은?

① 후진 시에는 유도요원을 배치하여 신호에 따라 안전하게 후진한다.
② 배차사항 및 지시, 전달사항을 확인한다.
③ 내리막길에서는 풋 브레이크의 장시간 사용을 삼가고, 엔진 브레이크 등을 적절히 사용하여 안전운행한다.
④ 후속차량이 추월하고자 할 때는 감속 등으로 양보운전을 하여야 한다.

해설 운행 전 운전자는 배차사항 및 지시, 전달사항을 확인하고 적재물의 특성을 확인하여 특별한 안전조치가 요구되는 화물에 대해서는 사전 안전장비를 장치하거나 휴대한 후 운행하여야 한다.

문제 15 '자기가 맡은 역할을 수행하는 능력을 인정받는 곳'이란 의미는 직업의 4가지 의미에서 어디에 해당되나?

① 경제적 의미
② 정치적 의미
③ 정신적 의미
④ 사회적 의미

해설 직업의 사회적 의미는 자기가 맡은 역할을 수행하는 능력을 인정받는 곳이라는 것이다.

문제 16 경제적 가치를 창출하는 곳이란 의미는 직업의 4가지 의미에서 어디에 해당되는가?

① 경제적 의미
② 철학적 의미
③ 정신적 의미
④ 사회적 의미

해설 경제적 가치를 창출하는 곳의 의미를 가지므로 경제적 의미이다.

정답 14 ② 15 ④ 16 ①

문제 17 최초의 공급업체로부터 최종 소비자에게 이르기까지 서비스의 흐름과정을 통합적으로 운영하는 경영전략은?

① 경영정보시스템
② 전사적 자원관리
③ 공급망관리
④ 효율적 고객대응

해설
- 경영정보시스템 : 경영 관련 정보를 필요에 따라 즉각적, 대량으로 수집하고 처리하는 시스템
- 전사적 자원관리 : 제품이나 서비스를 만드는 모든 작업자가 책임을 나누어 갖는 것
- 공급망관리 : 공급망 내에서 각 기업 간의 협력을 통해 서비스의 흐름 과정을 통합적으로 운영
- 효율적 고객대응 : 공급망 관리의 효율성을 극대화하여 소비자 만족을 유도

문제 18 물류비를 절감하여 물가 상승을 억제하고 정시배송의 실현을 통한 수요자 서비스 향상에 이바지하는 물류 관점은?

① 사회경제적 관점
② 국민경제적 관점
③ 개별기업적 관점
④ 종합국가적 관점

해설 국민경제적 관점에서의 물류의 역할에 대한 설명이다.

문제 19 물품을 하역하는 작업에서 주로 사용되는 장비가 아닌 것은?

① 크레인
② 레커차
③ 지게차
④ 컨베이어

해설 하역작업의 대표적인 방식은 컨테이너(container)화와 팔렛트(pallet)화이며, 컨테이너 화물과 팔렛트 화물은 기계를 사용하여 하역하는데 크레인, 지게차, 컨베이어 등이 이용된다.

정답 17 ③ 18 ② 19 ②

문제 20 　운송에 의해서 생산지와 수요지와의 공간적 거리가 극복되어 상품의 장소적 효용을 창출하는 물류기능은?

① 운송기능
② 포장기능
③ 하역기능
④ 배송기능

해설　물류의 6대 기능
- 운송기능 : 운송에 의해서 생산지와 수요지와의 공간적 거리가 극복되어 상품의 장소적 효용을 창출
- 포장기능 : 물품의 가치를 유지하기 위해 용기 등을 이용하여 보호하는 활동
- 보관기능 : 물품을 보관시설에 보관하는 활동으로 생산과 소비의 시간적 차이를 극복
- 하역기능 : 수송과 보관과정의 끝에서 행해지는 활동
- 정보기능 : 물류정보를 수집, 가공하여 제공함으로써 효율성 향상
- 유통가공기능 : 재포장, 조립 등을 통해 상품의 부가가치를 높이는 활동

문제 21 　물류의 주요 기능과 거리가 먼 것은?

① 운송기능
② 포장기능
③ 제조기능
④ 하역기능

해설　물류는 운송, 포장, 보관, 하역, 정보, 유통가공 기능을 한다.

문제 22 　물류관리의 목표를 달성하기 위한 고객서비스 수준의 결정 기준은?

① 고객지향적이어야 한다.
② 판매지향적이어야 한다.
③ 소비지향적이어야 한다.
④ 보관지향적이어야 한다.

해설　고객서비스 수준의 결정은 고객지향적, 즉 고객을 위한 것이어야 한다.

정답　20 ①　21 ③　22 ①

문제 23 물류네트워크의 평가와 감사를 위한 일반적 지침과 관계가 없는 것은?

① 수요
② 고객서비스
③ 제품특성
④ 제품생산과정

해설 물류네트워크의 평가와 감사를 위한 일반적 지침은 수요, 고객서비스, 제품특성, 물류비용, 가격결정 정책이다.

문제 24 생산된 재화가 최종 고객이나 소비자에게까지 전달되는 물류과정은?

① 물적 유통과정
② 물적 공급과정
③ 물적 생산과정
④ 물적 소비과정

해설 물적 유통과정이란 생산된 재화가 최종 고객이나 소비자에게까지 전달되는 물류과정을 의미한다.

문제 25 물류의 발전방향과 거리가 먼 것은?

① 비용절감
② 요구되는 수준의 서비스 제공
③ 기업의 성장을 위한 물류전략의 개발
④ 물류의 재고량 증가

해설 물류의 발전방향은 비용절감, 요구되는 수준의 서비스 제공, 기업의 성장을 위한 물류전략의 개발 등이다. 재고량은 감소시키는 방향으로 발전한다.

문제 26 다음 중 물류계획 수립의 3단계에 포함되지 않는 것은?

① 전략
② 운영
③ 전술
④ 통제

해설 물류계획 수립 3단계는 전략 – 전술 – 운영이다.

정답 23 ④   24 ①   25 ④   26 ④

문제 27 화주기업이 물류비 절감 등 물류활동을 효율화할 수 있도록 기능 전체 혹은 일부를 대행하는 물류업은?

① 자사물류업
② 제1자 물류업
③ 제2자 물류업
④ 제3자 물류업

해설
- 자사물류(=제1자 물류) : 화주 기업이 사내에 자체적인 물류조직을 운영하여 물류업을 수행
- 물류자회사(=제2자 물류) : 화주 기업이 사내의 물류조직을 분리하여 자회사로 독립 운영
- 제3자 물류 : 화주 기업이 사내의 일부 혹은 모든 물류활동을 외부에 위탁하는 경우
- 제4자 물류 : 제3자 물류+컨설팅

문제 28 화주기업이 직접 물류활동을 처리하는 자사물류를 무엇이라 하는가?

① 제1자 물류
② 제2자 물류
③ 제3자 물류
④ 제4자 물류

해설 문제는 제1자 물류에 대한 설명이다.

문제 29 일반적인 물류의 발전과정으로 맞는 것은?

① 자사물류 → 물류자회사 → 제3자 물류
② 물류자회사 → 자사물류 → 제3자 물류
③ 자사물류 → 제3자 물류 → 물류자회사
④ 물류자회사 → 제3자 물류 → 자사물류

해설 제3자 물류의 발전과정은 자사물류(1자) → 물류자회사(2자) → 제3자 물류이다.

정답 27 ④ 28 ① 29 ①

문제 30 제3자 물류의 발전동향에 대한 설명으로 틀린 것은?

① 수요자 측면에서는 물류전문업체와의 전략적 제휴, 협력을 통해 물류효율화를 추진하고자 하는 화주기업이 줄어들고 있다.
② 공급자 측면에서는 신규 물류업체와 외국 물류기업의 시장 참여가 늘어남에 따라 물류시장의 경쟁구조가 한층 더 심화되고 있다.
③ 각종 행정규제가 크게 완화됨에 따라 특정 물류업종 안에서의 물류업체 간 경쟁이 심화되고 있다.
④ 기능이 유사한 물류업종 간의 경쟁이 더 치열해지고 있다.

해설 수요자 측면에서는 물류전문업체와의 전략적 제휴, 협력을 통해 물류효율화를 추진하고자 하는 화주기업이 점차 증가하고 있다.

문제 31 제4자 물류(4PL)의 일반적인 개념과 거리가 먼 것은?

① 제4자 물류(4PL)의 핵심은 고객에게 제공되는 서비스를 극대화하는 것이다.
② 제4자 물류의 발전은 제3자 물류(3PL)의 능력, 전문적인 서비스 제공, 비즈니스 프로세스 관리 등의 통합과 운영의 자율성을 배가시키고 있다.
③ 컨설팅 기능까지 수행할 수 있는 제2자 물류로 정의 내릴 수 있다.
④ 제4자 물류 공급자는 광범위한 공급망의 조직을 관리하고 기술, 능력, 자료 등을 관리하는 공급망 통합사업이다.

해설 제4자 물류의 개념은 컨설팅 기능까지 수행하는 제3자 물류를 의미한다.

문제 32 제4자 물류는 제3자 물류 기능에 어떤 업무를 추가 수행하는가?

① 생산업무
② 컨설팅 업무
③ 판매 업무
④ 지원 업무

해설 제4자 물류는 제3자 물류 기능에 컨설팅 업무를 추가한 것이다.

정답 30 ① 31 ③ 32 ②

문제 33 제4자 물류의 개념을 설명한 내용과 거리가 먼 것은?

① 화주가 직접 물류를 처리한다.
② 공급사슬의 모든 활동과 계획관리를 전담한다.
③ 제3자 물류의 기능에 컨설팅 업무를 추가로 수행한다.
④ 광범위한 공급사슬의 조직을 관리한다.

해설 화주가 직접 물류를 처리하면 1자 물류이다.

문제 34 공급망 관리에 있어서 제4자 물류의 4단계를 순서대로 바르게 나열한 것은?

① 전환 → 실행 → 재창조 → 이행
② 재창조 → 전환 → 이행 → 실행
③ 실행 → 전환 → 이행 → 재창조
④ 이행 → 재창조 → 전화 → 실행

해설 제4자 물류 4단계 : 재창조 → 전환 → 이행 → 실행

문제 35 공급망관리에 있어 제4자 물류의 4단계 중 참여자의 공급망을 통합하기 위해서 비즈니스 전략을 공급망 전략과 제휴하면서 전통적인 공급망 컨설팅 기술을 강화하는 단계는?

① 재창조
② 전환
③ 이행
④ 실행

해설 재창조 단계(Reinvention)란 공급망에 참여하고 있는 복수의 기업과 독립된 공급망 참여자들 사이에 협력을 넘어서 공급망의 계획과 동기화에 의해 가능한 것으로, 재창조는 참여자의 공급망을 통합하기 위해서 비즈니스 전략을 공급망 전략과 제휴하면서 전통적인 공급망 컨설팅 기술을 강화하는 것을 의미한다.

정답 33 ① 34 ② 35 ①

문제 36 운송 관련 용어의 의미로 올바르지 않은 것은?

① 배송 : 상거래가 성립된 후 상품을 고객이 지정하는 수하인에게 수송 및 배달
② 운수 : 행정상 또는 법률상의 운송
③ 운반 : 현상적인 시각에서의 재화의 이동
④ 운송 : 서비스 공급 측면에서의 재화의 이동

해설 현상적인 시각에서의 재화의 이동은 교통이다. 운반은 한정된 공간과 범위 내에서의 재화의 이동을 말한다.

문제 37 철도나 선박과 비교한 트럭수송의 장점에 해당하는 것은?

① 문전에서 문전으로 배송서비스를 탄력적으로 행할 수 있다.
② 진동, 소음, 스모그 등 공해 문제를 야기한다.
③ 대량으로 물류 수송이 가능하여 연료소비를 줄일 수 있다.
④ 수송단위가 작고 연료비나 인건비(장거리의 경우) 등 수송단가가 높다.

해설
- 철도나 선박을 이용한 운송은 추가적인 수송절차가 필요하거나 누군가가 받는 사람에게 전달해 주거나 받는 사람이 어디론가 이동을 해야만 받을 수 있다. 이에 비해 트럭은 바로 집까지 배송이 가능하므로 철도나 선박에 비해 선호도가 높은 장점을 가진다. 이를 도어투도어 서비스 (Door-to-Door Service)라 부른다.
- 진동, 소음, 스모그 등 공해문제와 수송단가가 상대적으로 높은 것은 트럭수송의 단점이다.
- 운송단위가 소량인 것은 화물자동차 운송의 특징이다.

문제 38 물품의 운송·보관 등에 있어서 물품의 가치와 상태를 보호하는 것을 나타내는 용어는?

① 포장
② 하역
③ 정보
④ 보관

해설 포장의 정의에 대한 문제이다.

정답 36 ③ 37 ① 38 ①

문제 39 선박 및 철도와 비교한 화물자동차 운송의 특징을 잘 설명하고 있는 것은?

① 선박과 철도에 비해 대량 수송 가능
② 원활한 기동성과 신속한 수·배송 가능
③ 운송기간 과다 소요 또는 궤도노선에 의지
④ 별도의 컨테이너 집하장 반드시 필요

해설 화물자동차 운송의 가장 큰 특징은 기동성과 신속성이다.

문제 40 화물자동차 운송의 효율성을 나타내는 지표 중에서 총 주행거리에 대해 실제로 화물을 싣고 운행한 거리의 비율을 무엇이라 하는가?

① 실차율
② 적재율
③ 공차거리율
④ 가동률

해설 주행거리에 대해 실제로 화물을 싣고 운행한 거리의 비율을 실차율이라 한다.

문제 41 운수·배송활동 3가지 단계의 물류정보처리기능에 해당되지 않는 것은?

① 판매
② 실시
③ 계획
④ 통제

해설 운수 배송활동 3단계 : 계획 - 실시 - 통제

문제 42 화물수송에서 수·배송을 계획·실시·통제 단계로 구분할 때 실시 단계에 포함되지 않는 것은?

① 배차 수배
② 화물적재 지시
③ 수송경로 선정
④ 배송 지시

해설 수송경로 선정은 계획단계에 포함된다.

정답 39 ② 40 ① 41 ① 42 ③

4. 운송서비스

문제 43 주문상황에 대해 최적의 수·배송계획을 수립함으로써 수송비용을 절감하려는 시스템은?

① 화물정보시스템　　　　　　　② 수·배송관리시스템
③ 터미널화물정보시스템　　　　④ 통합화물정보시스템

해설 문제는 수·배송관리시스템에 대한 설명이다.

문제 44 수배송활동 3가지 단계의 물류정보처리기능에 해당하지 않는 것은?

① 판매　　　　　　　　　　　　② 계획
③ 실시　　　　　　　　　　　　④ 통제

해설 수배송활동 3단계는 계획 – 실시 – 통제이다.

문제 45 물류혁신시대의 화주기업과 물류전문업계 및 종사자의 새로운 패러다임을 위한 올바른 자세라고 할 수 없는 것은?

① 표준운임제도의 시행 필요
② 물류업무의 적정한 대가 및 정당한 이익 계상
③ 서비스의 향상
④ 물류비용 상승을 위한 노력

해설 새로운 패러다임의 확립을 위해서는 근본적으로 물류비용의 절감이 필요하다.

문제 46 물류코스트의 상승과 가장 관계가 깊은 수송체계는?

① 고빈도 대량 수송체계　　　　② 고빈도 소량 수송체계
③ 저빈도 대량 수송체계　　　　④ 저빈도 소량 수송체계

해설 고빈도 소량의 수송체계는 필연적으로 물류코스트(가격)의 상승을 가져온다. 많지 않은 물건을 나르면 그만큼 돈이 되지 않고, 자주 나르게 되면 그만큼 수송비가 증가하게 되기 때문이다.

정답　43 ②　44 ①　45 ④　46 ②

문제 47 **물류시장의 경쟁 속에서 기업존속 결정의 조건에 대한 설명으로 틀린 것은?**
① 사업의 존속을 결정하는 조건 중 하나는 매상증대이다.
② 사업의 존속을 결정하는 조건 중 하나는 비용감소이다.
③ 매상증대 또는 비용감소 중 어느 쪽도 달성할 수 없다면 기업이 존속하기 어렵다.
④ 매상증대와 비용감소를 모두 달성해야 기업 존속이 가능하다.

해설 매상증대와 비용감소 둘 중 하나라도 실현시킬 수 있다면 사업의 존속이 가능하다.

문제 48 **새로운 물류서비스 기업 중 공급망관리가 표방하는 것은?**
① 종합물류
② 무인도전
③ 로지스틱스
④ 토탈물류

해설 공급망관리가 표방하는 것은 종합물류이다.

문제 49 **주파수 공용통신(TRS)의 도입효과로 볼 수 없는 것은?**
① 차량 위치추적 기능의 활용으로 도착시간의 정확한 예측이 가능해진다.
② 배차 후 화주의 기착지 변경이나 취소에 따른 신속대응이 가능해진다.
③ 고장차량에 대응한 차량 재배치나 지연사유 분석이 가능해진다.
④ 화주의 요구에 신속한 대응 및 화물추적이 어렵다.

해설 주파수 공용통신의 도입효과
- 메시지 전달, 화물추적기능으로 지연사유 분석이 가능해져 표준운행기록 가능
- 배차계획의 수립과 수정이 가능
- 차량 위치추적 가능으로 도착시간 예측, 고장차량의 재배치 및 분실화물 추적, 책임자 파악이 가능

정답 47 ④   48 ①   49 ④

문제 50 신속하고 민첩한 체계를 통하여 생산 및 유통의 각 단계에 효율성을 실현하고 그 성과를 생산자, 유통관계자, 소비자에게 골고루 배분하는 물류서비스 기법을 무엇이라 하는가?

① 통합판매
② 효율적 고객 대응
③ 신속대응
④ 공급망관리

해설 신속하고 민첩한 체계를 활용하는 서비스 기법은 신속대응(QR : Quick Response)이다.

문제 51 실시간 교통정보를 제공하는 범지구측위시스템(GPS)의 도입효과로 볼 수 없는 것은?

① 각종 자연재해로부터 사전대비를 통해 재해를 회피할 수 있다.
② 대도시의 교통혼잡 시에 차량에서 행선지 지도와 도로사정 파악이 가능하다.
③ 밤에 운행하는 운송차량은 추적할 수 없다.
④ 운송차량의 추적시스템을 완벽하게 관리 및 통제할 수 있다.

해설 운송차량의 24시간 추적이 가능하다.

문제 52 GPS의 활용범위에 대한 설명으로 거리가 먼 것은?

① 각종 자연재해로부터 사전대비를 통한 재해 회피
② 토지조성공사 시 작업자가 리얼타임으로 신속대응
③ 대도시 교통혼잡 시 도로사정 파악
④ 수송차의 추적시스템 통제가 어려움

해설 24시간 운송차량 추적시스템을 GPS로 완벽하게 관리 및 통제할 수 있다.

정답 50 ③ 51 ③ 52 ④

문제 53 통합판매·물류·생산시스템(CALS)의 도입에 있어 급변하는 상황에 민첩하게 대응하기 위한 전략적 기업제휴를 의미하는 것은?

① 벤처기업
② 가상기업
③ 한계기업
④ 상장기업

해설 가상기업이란 급변하는 상황에 민첩하게 대응하기 위한 전략적 기업제휴를 의미한다.

문제 54 재고품으로 주문품을 공급할 수 있는 정도를 나타내는 용어는?

① 재고신뢰성
② 주문처리시간
③ 납기
④ 주문품의 상품구색시간

해설 재고신뢰성이란 품절, 백오더, 주문충족률, 납품률 등을 통칭하는 말로 재고품으로 주문품을 공급할 수 있는 정도를 의미한다.

문제 55 고객서비스전략 수립 시 물류서비스의 내용으로 맞지 않는 것은?

① 수주부터 도착까지의 리드타임 단축
② 대량 출하체제
③ 긴급출하 대응 실시
④ 재고의 감소

해설 ※ 최근 성공하는 물류기업은 서비스 수준의 향상과 재고 축소에 주안점을 두고 있다.
※ 서비스 수준의 향상 목표는 아래와 같다.
 • 수주부터 도착까지의 리드타임 단축
 • 소량출하체제
 • 긴급출하 대응 실시
 • 수주마감시간 연장

정답 53 ② 54 ① 55 ②

문제 56 고객의 물류클레임 중 제품의 품질만큼 중요하게 여기는 것과 거리가 먼 것은?

① 오품
② 파손
③ 고객응대
④ 오출하

해설 고객의 물류클레임 중 제품의 품질만큼 중요하게 여기는 것으로는 오손, 파손, 오품, 수량오류, 오량, 오출하, 전표오류, 지연 등이 있다.

문제 57 택배종사자가 화물을 배달하고자 할 때 잘못된 것은?

① 고객과 전화 통화 시 방문 예정시간은 여유를 두고 약속한다.
② 전화를 안 받을 때에는 배달화물을 안 가지고 가도 된다.
③ 약속시간을 지키지 못할 경우에는 재차 전화하여 예정시간을 정정한다.
④ 방문 예정시간에 수하인이 없을 때에는 반드시 대리 인수자를 지명받아 그 사람에게 인계해야 한다.

해설 전화를 안 받는다고 화물을 안 가지고 가면 안 된다.

문제 58 자가용 화물운송과 비교할 때 사업용 화물운송의 장점에 해당하는 것은?

① 운임의 안정화
② 관리기능 저해
③ 수송비 저렴
④ 시스템의 일관성

해설 사업용 화물운송의 장점은 수송비가 저렴하고 수송능력이 좋다는 것이다.
나머지 보기는 모두 단점에 해당한다.

문제 59 도킹수송과 유사한 방법으로 중간지점에서 운전자만 교체하는 수송방법을 무엇이라 하는가?

① 고효율화 수송
② 왕복실차율 상승법
③ 이어타기 수송
④ 바꿔태우기 수송

해설 이어타기 수송이란 도킹수송과 유사한 것으로 중간지점에서 운전자만 교체하는 수송방법을 말한다.

정답 56 ③ 57 ② 58 ③ 59 ③

PART
02

실전모의고사

1. 실전모의고사 1회
2. 실전모의고사 2회
3. 실전모의고사 3회
4. 실전모의고사 4회

동영상 강의

인터넷 카페
www.truckbustaxi.com

01 실전모의고사 1회

문제 01 화물자동차 운송사업자의 준수사항에 대한 설명으로 틀린 것은?

① 자기 명의로 운송계약을 체결한 화물에 대해 다른 운송사업자에게 수수료를 받고 운송을 위탁하여서는 아니 된다.
② 운수종사자가 법정 준수사항을 성실히 이행하도록 지도·감독하여야 한다.
③ 화물운송의 대가로 받은 운임 및 요금의 일부를 화주 또는 다른 운송사업자 등이 요구할 경우 되돌려 줘야 한다.
④ 운임 및 요금과 운송약관을 영업소 또는 화물자동차에 갖추어 두고 이용자가 요구하면 이를 내보여야 한다.

문제 02 도로관리청이 광역시장 또는 도지사인 경우 자동차전용도로를 지정하고자 할 때는 누구의 의견을 들어야 하는가?

① 관할 경찰서장
② 관할 지방경찰청장
③ 경찰청장
④ 행정자치부장관

문제 03 시·도에서 화물운송업과 관련하여 처리하는 업무로 맞는 것은?

① 화물운송사업 허가사항에 대한 경미한 사항 변경신고
② 화물자동차 운송종사자격의 취소 및 효력의 정지
③ 과로운전, 과속운전, 과적운행의 예방 등 안전 수송을 위한 지도·계몽
④ 화물자동차 운전자의 인명사상사고 및 교통법규 위반사항 제공

문제 04 대기환경보전법상 용어의 정의 중 연소할 때에 생기는 유리(遊離) 탄소가 주가 되는 미세한 입자상 물질은?

① 액체성 물질 ② 온실가스
③ 매연 ④ 먼지

문제 05 자동차 등록에 관한 설명 중 틀린 것은?

① 등록된 자동차를 양수받은 자는 자동차 소유권의 변경등록을 신청하여야 한다.
② 자동차 해체 재활용업자에게 폐차를 요청한 경우에는 말소등록을 하여야 한다.
③ 말소등록 신청 시 자동차등록증, 자동차등록번호판 및 봉인을 반납하여야 한다.
④ 임시운행허가를 받은 경우에는 자동차등록원부에 등록하기 전에도 운행할 수 있다.

문제 06 시 · 도지사가 공회전 제한장치의 부착을 명령할 수 있는 대상 화물차량의 최대 적재량 기준은?

① 1.5톤 이상 ② 1톤 이상
③ 1.5톤 이하 ④ 1톤 이하

문제 07 다음 중 교통사고처리특례법상 보도침범사고에 해당하는 것은?

① 부득이하게 보도를 침범하여 발생한 사고
② 학교 안에 자체적으로 설치한 보도를 침범하여 발생한 사고
③ 길가장자리구역에서 발생한 사고
④ 자전거를 끌고 가던 자와 보도에서 충돌한 사고

문제 08 도로교통법령상 운행속도를 최고속도의 50/100을 줄인 속도로 운행하여야 하는 경우가 아닌 것은?

① 눈이 20mm 이상 쌓인 경우
② 안개, 폭우, 폭설 등으로 가시거리가 100m 이내인 경우
③ 비포장도로를 운전하는 경우
④ 노면이 얼어붙은 경우

문제 09 화물자동차 운전자에게 최고속도 제한장치가 정상적으로 작동되지 않는 상태에서 운행하도록 한 경우 일반화물자동차 운송사업자에 대한 과징금은 얼마인가?

① 30만원 ② 50만원
③ 100만원 ④ 200만원

문제 10 교통사고처리특례법 적용 배제 사유가 아닌 것은?

① 신호위반사고 ② 무면허운전사고
③ 교차로 내 사고 ④ 앞지르기 금지장소 위반사고

문제 11 고속도로 외의 편도 4차로 도로에서 차로별로 통행할 수 있는 차종 연결이 잘못된 것은?(단, 앞지르기 차로는 제외)

① 1차로 : 소형 승합자동차
② 2차로 : 중형 승합자동차
③ 3차로 : 적재중량이 1.5톤을 초과하는 화물자동차
④ 4차로 : 원동기장치자전거

문제 12 회전이나 좌회전을 하기 위해 사용하는 신호방법으로 적절하지 않은 것은?
① 손
② 방향지시기
③ 등화
④ 경음기

문제 13 화물자동차 운수사업법령에서 정의한 운수종사자에 해당하는 자는?
① 자동차 보험회사 직원
② 화물자동차 운전자
③ 1급 정비공장 정비원
④ 지방자치단체 교통 공무원

문제 14 운전적성 정밀검사 중 특별검사는 과거 1년간 운전면허 행정처분기준에 따라 산출된 누산점수가 몇 점 이상인 사람이 받아야 하는가?
① 21점
② 41점
③ 61점
④ 81점

문제 15 교통안전표지의 종류가 아닌 것은?
① 주의표지
② 규제표지
③ 권장표지
④ 보조표지

문제 16 도로법령상 도로에 해당하지 않는 것은?
① 인도
② 일반국도
③ 지방도
④ 고속국도

문제 17 종합검사의 검사기간은 검사유효기간의 마지막 날 전후 각각 며칠 이내인가?
① 60일
② 31일
③ 30일
④ 15일

문제 18 건설기계관리법에 따른 자동차에 해당하지 않는 것은?

① 콘크리트펌프
② 3톤 이상의 지게차
③ 아스팔트콘크리트 재생기
④ 덤프트럭

문제 19 제작연도에 등록되지 아니한 자동차의 차령기산일이 맞는 것은?

① 제작연도의 초일
② 제작일
③ 제작연도의 말일
④ 최초 신규등록일

문제 20 화물운송종사자격시험에 합격한 사람이 받아야 하는 법정교육시간은?

① 4시간
② 8시간
③ 12시간
④ 16시간

문제 21 정지상황의 일시적 전개를 의미하는 것은?

① 일단서행
② 정차
③ 일단정지
④ 일시정지

문제 22 제2종 보통면허를 소지한 자가 운전할 수 있는 사업용 자동차는?

① 사다리차
② 적재중량 2.5톤 화물자동차
③ 승차정원 12인승 승합자동차
④ 총 중량 4톤의 특수자동차

문제 23 자동차 튜닝검사 신청서류가 아닌 것은?

① 보험가입증명서
② 튜닝 전후의 주요제원대비표
③ 자동차등록증
④ 튜닝하고자 하는 구조·장치의 설계도

문제 24 다른 사람의 요구에 응하여 유상으로 화물운송계약을 중개·대리하는 사업은?

① 화물자동차 운영사업
② 화물자동차 운송주선사업
③ 화물자동차 운송가맹사업
④ 화물자동차 경영주선사업

문제 25 화물자동차 운송가맹사업을 경영하려는 자가 국토교통부장관에게 받아야 하는 것은?

① 신고
② 허가
③ 위임
④ 신청

문제 26 화물을 인수하는 요령으로 적절하지 않은 것은?

① 전화로 예약 접수 시 고객의 배송요구일자는 확인하지 않아도 된다.
② 포장 및 운송장 기재요령을 반드시 숙지하고 인수에 임한다.
③ 집하자제품목 및 집하금지품목의 경우는 그 취지를 알리고 양해를 구한 후 정중히 거절한다.
④ 도서지역에 운송되는 물품에 대해서는 부대비용의 징수 가능성을 미리 알려주고 물품을 인수한다.

문제 27 한국산업표준(KS)에 따른 화물자동차에 대한 설명으로 틀린 것은?

① 캡오버엔진트럭은 원동기의 전부 또는 대부분이 운전실의 아래쪽에 있는 트럭을 말한다.
② 밴은 상자형 화물실을 갖추고 있는 트럭으로 지붕이 없는 것은 제외한다.
③ 레커차는 크레인 등을 갖추고 고장차의 앞 또는 뒤를 매달아 올려서 수송하는 특수장비 자동차를 말한다.
④ 냉장차는 수송물품을 냉각제를 사용하여 냉장하는 설비를 갖추고 있는 특수용도 자동차를 말한다.

문제 28 화물의 길이와 크기가 일정하지 않을 경우의 적재방법 중 옳은 것은?

① 작은 화물 위에 큰 화물을 놓는다.
② 길이가 고르지 못하면 한쪽 끝이 맞도록 한다.
③ 길이에 관계없이 쌓는다.
④ 큰 화물과 작은 화물을 섞어서 쌓는다.

문제 29 화물에 운송장을 부착하는 방법으로 부적절한 것은?

① 박스 물품이 아닌 쌀, 매트, 카펫 등은 물품의 모서리에 부착한다.
② 운송장 부착은 원칙적으로 접수장소에서 매 건마다 화물에 부착한다.
③ 박스 후면 또는 측면 부착으로 혼동을 주어서는 안 된다.
④ 운송장이 떨어질 우려가 큰 물품은 송하인의 동의를 얻어 포장재에 수하인 주소 혹은 전화번호 등의 필요한 사항을 기재한다.

문제 30 이사화물 표준약관상 운송사업자가 인수를 거절할 수 있는 화물이 아닌 것은?

① 현금, 유가증권, 귀금속, 예금통장, 신용카드, 인감 등 고객이 휴대할 수 있는 귀중품
② 화물의 종류, 부피 등에 따라 운송에 적합하도록 포장한 물건
③ 위험물, 불결한 물품 등 다른 화물에 손해를 끼칠 염려가 있는 물건
④ 동식물, 미술품, 골동품 등 운송에 특수한 관리를 요하기 때문에 다른 화물과 동시에 운송하기에 적합하지 않은 물건

문제 31 팔레트 화물의 붕괴를 방지하기 위한 요령 중 풀붙이기와 밴드걸기의 병용방식은?

① 슈링크 방식
② 박스 테두리 방식
③ 수평 밴드걸기 풀붙이기 방식
④ 스트래치 방식

문제 32 화물더미의 화물을 출하할 경우 작업요령으로 맞는 것은?

① 화물더미 상층과 하층에서 동시에 헐어낸다.
② 화물더미 중간에서 직선으로 깊이 파낸다.
③ 화물더미 중간에서 화물을 뽑아낸다.
④ 화물더미 위에서부터 순차적으로 층계를 지으면서 헐어낸다.

문제 33 동일 컨테이너에 수납하지 말아야 할 화물이 아닌 것은?

① 위험물 이외의 화물과 목재 화물
② 부식작용이 일어나거나 기타 물리적 화학작용이 일어날 염려가 있는 화물
③ 품명이 틀린 위험물 또는 위험물과 위험물 이외의 화물이 상호작용하여 발열 및 가스를 발생시키는 화물
④ 포장 및 용기가 파손되어 있거나 불완전한 화물

문제 34 운송장의 기재사항 중 운송물품의 품명, 수량, 물품가격을 기재해야 하는 사람은?

① 수하인 ② 송하인 ③ 집하담당자 ④ 운송담당자

문제 35 주유취급소의 위험물 취급기준으로 맞는 것은?

① 자동차에 주유할 때는 고정주유설비를 사용하여 직접 주유한다.
② 자동차에 주유할 때는 자동차의 출력을 낮춘다.
③ 유분리장치에 고인 유류는 충분히 넘치도록 하여야 한다.
④ 자동차에 주유할 때는 다른 자동차를 주유취급소 안에 주차시켜야 한다.

문제 36 택배 표준약관상 사업자는 운송장에 인도예정일의 기재가 없는 경우 일반지역의 운송물은 운송장에 기재된 운송물의 수탁일로부터 며칠 이내에 인도해야 하는가?

① 1일 ② 2일 ③ 3일 ④ 4일

문제 37 화물의 파손사고의 원인이 아닌 것은?
① 김치, 젓갈, 한약류 등이 수량에 비해 포장이 약한 경우
② 차량에 상차할 때 컨베이어 벨트 등에서 떨어져 파손되는 경우
③ 화물을 함부로 던지거나 발로 차거나 끄는 경우
④ 화물을 적재할 때 무분별한 적재로 압착되는 경우

문제 38 트레일러의 일부 하중을 트랙터가 부담하여 운행하는 차량은?
① 돌리(Dolly)
② 풀(Full) 트레일러
③ 세미(Semi) 트레일러
④ 폴(Pole) 트레일러

문제 39 운송장의 항목 중 도착지 코드에 대한 설명으로 맞지 않는 것은?
① 코드는 가급적 육안 식별이 가능하도록 2~3단위 정도로 정하는 것이 좋다.
② 화물이 도착할 장소를 기록한다.
③ 화물을 분류할 때에 식별을 용이하게 하기 위해 코드화 작업이 필요하다.
④ 중간에 경유할 터미널을 기록하지 않는다.

문제 40 물품의 변질, 내용물의 활성화 등을 방지하는 것을 목적으로 하는 포장으로 식품 포장 등에 많이 사용되는 포장기법은?
① 완충포장
② 압축포장
③ 진공포장
④ 방풍포장

문제 41 중앙분리대로 설치되는 방호울타리의 기능이 아닌 것은?
① 차량의 횡단을 방지할 수 있는 기능
② 충돌차량의 속도를 줄일 수 있는 기능
③ 충돌차량이 튕겨 나가도록 하는 기능
④ 충돌차량의 손상을 적게 하는 기능

문제 42 자동차 안전운전에 영향을 미치는 운전자의 신체·생리적 조건이 아닌 것은?
① 피로
② 질병
③ 지식
④ 약물

문제 43 엔진오일이 과다 소모되는 경우의 조치방법 중 맞지 않는 것은?
① 엔진 피스톤 링 교환
② 실린더라이너 교환
③ 오일팬이나 개스킷 교환
④ 휠밸런스 조정

문제 44 주행하기 전에 차체에서 이상한 진동이 느껴질 때 고장으로 의심되는 부분은?
① 엔진
② 클러치
③ 조향장치
④ 브레이크

문제 45 운전자가 위험을 인지하고 자동차를 정지시키려고 시작하는 순간부터 자동차가 완전히 정지할 때까지 진행된 거리를 무엇이라 하는가?
① 공주거리
② 정지거리
③ 작동거리
④ 제동거리

문제 46 입체교차로에 대한 설명 중 맞는 것은?
① 색채별로 분리하는 기능
② 암묵적으로 분리하는 기능
③ 시간적으로 분리하는 기능
④ 공간적으로 분리하는 기능

문제 47 정지시력이 20/40인 사람이 정상시력을 가진 사람과 같은 효과를 내기 위한 방법으로 맞는 것은?

① 정상시력을 가진 사람에 비해 0.5배의 큰 글자를 제시
② 정상시력을 가진 사람에 비해 1.0배의 큰 글자를 제시
③ 정상시력을 가진 사람에 비해 1.5배의 큰 글자를 제시
④ 정상시력을 가진 사람에 비해 2.0배의 큰 글자를 제시

문제 48 차량점검 시 주의사항에 대한 설명으로 틀린 것은?

① 운행 전 점검을 실시한다.
② 운행 중에 조향핸들의 높이와 각도를 적절히 조정한다.
③ 적색 경고등이 들어온 상태에서는 절대로 운행하지 않는다.
④ 주차할 때에는 항상 주차브레이크를 사용한다.

문제 49 과마모된 타이어는 빗길에서 잘 미끄러지고 제동거리가 길어지므로 이를 예방하기 위해 노면과 맞닿는 트레드 홈 깊이(요철형 무늬의 깊이)는 얼마 이상으로 유지하여야 하는가?

① 1.6mm
② 1.3mm
③ 1.0mm
④ 0.7mm

문제 50 자동차를 출발시킬 때 앞 범퍼 부분이 조금 들리는 현상을 무엇이라 하는가?

① 노즈 업(Nose Up)
② 노즈 다운(Nose Down)
③ 바운싱(Bouncing)
④ 피칭(Pitching)

문제 51 야간에 전조등이 상향등 상태로 주행 시 조명빛으로 보행자의 모습이 사라지는 현상은?

① 명순응현상
② 현혹현상
③ 암순응현상
④ 블랙아웃현상

문제 52 위험물을 운송할 때 주의사항으로 옳지 않은 것은?

① 육교 등의 아랫부분에 접촉할 우려가 있는 경우에는 다른 길로 우회하여 운행한다.
② 위험물을 이송하고 만차로 육교 밑을 통과할 경우 빈 차보다 높이가 낮게 되므로 예전에 통과한 장소라면 주의할 필요 없이 통과한다.
③ 육교 밑을 통과할 때에는 높이에 주의하여 서서히 운행하여야 한다.
④ 터널에 진입하는 경우에는 전방에 이상사태가 발생하지 않았는지 표시등을 확인하면서 진입하여야 한다.

문제 53 교통사고 요인을 크게 3가지로 분류할 때 그 분류항목이 아닌 것은?

① 인적 요인 ② 도로 환경 요인
③ 단속 요인 ④ 차량 요인

문제 54 유압식 브레이크의 휠실린더나 브레이크 파이프 속에서 브레이크액이 기화되어 유압이 전달되지 않아 브레이크가 작용하지 않는 현상은?

① 페이드(Fade) 현상
② 베이퍼 록(Vapor lock) 현상
③ 모닝 록(Morning lock) 현상
④ 스탠딩 웨이브(Standing wave) 현상

문제 55 다음 중 중앙분리대의 종류가 아닌 것은?

① 방호울타리형 ② 연석형
③ 광폭형 ④ 교량형

문제 56 교통사고와 밀접한 어린이의 행동 유형이 아닌 것은?

① 도로에 갑자기 뛰어들기 ② 도로횡단 중의 부주의
③ 승용차 뒷좌석 탑승 ④ 도로상에서의 위험한 놀이

문제 57 **운전피로에 관한 설명 중 틀린 것은?**
① 피로의 정도가 지나치면 과로가 되고 정상적인 운전이 곤란해진다.
② 연속운전은 일시적 급성피로를 유발할 수 있다.
③ 운전피로는 운전작업의 생략이나 착오를 일으켜 교통사고로 연결될 수 있다.
④ 운전피로와 졸음운전 사이에는 연관관계가 없다.

문제 58 **길어깨의 역할이 아닌 것은?**
① 고장차가 본선차도로부터 대피할 수 있고 사고 시 교통의 혼잡을 방지하는 역할을 한다.
② 측방 여유폭을 가지므로 교통의 안전성과 쾌적성에 기여한다.
③ 유지관리 작업장이나 지하매설물에 대한 장소로 제공된다.
④ 자동차의 차도이탈을 방지한다.

문제 59 **차량의 무게를 지탱하여 차체가 직접 차축에 얹히지 않도록 하는 장치는?**
① 제동장치
② 주행장치
③ 현가장치
④ 조향장치

문제 60 **섀시 계통 고장 중 제동 시 차량 쏠림현상이 발생하는 경우 점검 방법으로 옳지 않은 것은?**
① 좌·우 타이어의 공기압 점검
② 좌·우 브레이크 라이닝 간극 및 드럼손상 점검
③ 클러치 스위치 점검
④ 브레이크 에어 및 오일 파이프 점검

문제 61 교통사고와 관련이 있는 보행자의 교통정보 인지결함의 원인이 아닌 것은?
① 술에 많이 취해 있었다.
② 등교 또는 출근시간 때문에 급하게 서둘러 걷고 있었다.
③ 횡단 중 모든 방향에 주의를 기울였다.
④ 동행자와 이야기에 열중했거나 놀이에 열중했다.

문제 62 5m 떨어진 거리에서 크기 15mm의 문자를 판독할 수 있다면 이 경우의 시력은 얼마인가?
① 0.5
② 0.8
③ 1.2
④ 1.5

문제 63 운행 중 속도조절에 대한 설명 중 틀린 것은?
① 교통량이 많은 도로에서는 속도를 줄인다.
② 노면상태가 나쁜 도로에서는 속도를 줄인다.
③ 해질 무렵 및 터널에서는 속도를 줄인다.
④ 곡선반경이 큰 도로에서는 속도를 줄인다.

문제 64 고압가스 충전용기를 적재한 차량을 주차 또는 정차시킬 때의 주의사항으로 틀린 것은?
① 주·정차 장소는 가급적 평탄하고 교통량이 적은 안전한 장소를 택한다.
② 운반 책임자와 운전자는 함께 위험물 차량에서 멀리 벗어나 휴식을 취해도 된다.
③ 고장으로 정차하는 경우에는 고장자동차의 표지 등을 설치하여 다른 차와의 충돌을 피하기 위한 조치를 취한다.
④ 주차할 때에는 엔진을 정지시킨 후 사이드브레이크를 걸어 놓고 반드시 차바퀴를 고정목 등으로 고정시킨다.

문제 65 교통사고 요인의 구분으로 맞지 않는 것은?
① 직접적 요인
② 중간적 요인
③ 표면적 요인
④ 간접적 요인

문제 66 물류혁신시대의 화주기업과 물류전문업계 및 종사자의 새로운 패러다임을 위한 올바른 자세라고 할 수 없는 것은?
① 반드시 표준운임제도의 시행이 필요
② 물류업무의 적정한 대가 및 정당한 이익 계상
③ 서비스의 향상
④ 물류비용 상승을 위한 노력

문제 67 '자기가 맡은 역할을 수행하는 능력을 인정받는 곳'이란 의미는 직업의 4가지 의미에서 어디에 해당되나?
① 경제적 의미
② 정치적 의미
③ 정신적 의미
④ 사회적 의미

문제 68 운전자의 신상변동 등이 발생했을 경우에 대한 조치로 부적절한 것은?
① 결근, 지각, 조퇴가 필요한 경우 회사에 즉시 보고
② 운전면허 일시정지, 취소 등의 면허 행정처분 시 즉시 회사에 보고하고 어떠한 경우라도 운전 금지
③ 운전면허 기재사항 변경 시는 회사보고 생략
④ 질병 등 신상변동 시 회사에 즉시 보고

문제 69 고객이 현장사원 등과 접하는 환경과 분위기를 고객만족 쪽으로 실현하기 위한 소프트웨어(Software) 품질은?

① 영업품질　　　　　　　　② 상품품질
③ 서비스 품질　　　　　　　④ 기대품질

문제 70 로지스틱스 회사에서 고객만족을 위한 수요창출에 누구보다 중요한 위치를 점하고 있는 일선 근무자는?

① 최고경영자　　　　　　　② 임원
③ 운전자　　　　　　　　　④ 중간관리자

문제 71 물류관리의 목표를 달성하기 위한 고객서비스 수준의 결정 기준은?

① 고객지향적이어야 한다.　　② 생산지향적이어야 한다.
③ 소비자지향적이어야 한다.　④ 관리지향적이어야 한다.

문제 72 제4자 물류(4PL)의 일반적인 개념과 거리가 먼 것은?

① 제4자 물류(4PL)의 핵심은 고객에게 제공되는 서비스를 극대화하는 것이다.
② 제4자 물류의 발전은 제3자 물류(3PL)의 능력, 전문적인 서비스 제공, 비즈니스 프로세스관리 등의 통합과 운영의 자율성을 배가시키고 있다.
③ 컨설팅 기능까지 수행할 수 있는 제2자 물류로 정의 내릴 수 있다.
④ 제4자 물류 공급자는 광범위한 공급망의 조직을 관리하고 기술, 능력, 자료 등을 관리하는 공급망 통합사업이다.

문제 73 화물수송에서 수·배송을 계획·실시·통제 단계로 구분할 때 실시 단계에 포함되지 않는 것은?

① 배차 수배　　　　　　　　② 화물적재 지시
③ 수송경로 선정　　　　　　④ 배송 지시

문제 74 택배종사자가 화물을 배달하고자 할 때 잘못된 것은?
① 고객과 전화 통화 시 방문 예정시간은 여유를 두고 약속한다.
② 전화를 받지 않을 때에는 배달화물을 안 가지고 가도 된다.
③ 약속시간을 지키지 못할 경우에는 재차 전화하여 예정시간을 정정한다.
④ 방문 예정시간에 수하인이 없을 때에는 반드시 대리 인수자를 지명받아 그 사람에게 인계해야 한다.

문제 75 물류네트워크의 평가와 감사를 위한 일반적 지침과 관계가 없는 것은?
① 수요
② 고객서비스
③ 제품특성
④ 제품생산과정

문제 76 도킹수송과 유사한 방법으로 중간지점에서 운전자만 교체하는 수송방법을 무엇이라 하는가?
① 고효율화 수송
② 왕복실차율 상승법
③ 이어타기 수송
④ 바꿔태우기 수송

문제 77 물품의 운송·보관 등에 있어서 물품의 가치와 상태를 보호하는 것을 나타내는 용어는?
① 포장
② 하역
③ 정보
④ 보관

문제 78 실시간 교통정보를 제공하는 범지구측위시스템(GPS)의 도입효과로 볼 수 없는 것은?
① 각종 자연재해로부터 사전대비를 통해 재해를 회피할 수 있다.
② 대도시의 교통혼잡 시에 차량에서 행선지 지도와 도로사정 파악이 가능하다.
③ 밤에 운행하는 운송차량은 추적할 수 없다.
④ 운송차량의 추적시스템을 완벽하게 관리 및 통제할 수 있다.

문제 79 화주기업이 직접 물류활동을 처리하는 자사물류를 무엇이라 하는가?
① 제1자 물류   ② 제2자 물류
③ 제3자 물류   ④ 제4자 물류

문제 80 고객의 물류클레임 중 제품의 품질만큼 중요하게 여기는 것과 거리가 먼 것은?
① 오품   ② 파손
③ 고객응대   ④ 오출하

01 실전모의고사 1회 [해설과 정답]

해설 01   운송사업자는 화물운송의 대가로 받은 운임 및 요금의 일부를 화주 또는 운송사업자, 화물자동차 운송주선사업을 경영하는 자에게 되돌려주는 행위를 하여서는 아니 된다.

해설 02   자동차 전용도로 지정 시 도로관리청이 특별시장, 광역시장, 도지사 또는 특별자치도지사이면 관할지방경찰청장의 의견을 들어야 한다.

해설 03   ①, ②는 국토교통부, ③은 연합회, ④는 시·도지사 및 사업자 단체에서 처리하는 업무이다.

해설 04   연소할 때 생기는 유리탄소가 주가 되는 미세한 입자상 물질을 매연이라 한다.

해설 05   등록된 자동차를 양수받는 자는 자동차 소유권의 이전등록을 신청하여야 한다.

해설 06   시·도지사는 화물자동차 운송사업에 사용되는 최대적재량 1톤 이하인 밴형 화물자동차로서 택배용으로 사용되는 자동차에 대하여 시·도 조례에 따라 공회전 제한장치의 부착을 명령할 수 있다.

해설 07   자전거를 끌고 가면 보행자가 되므로 보도에서 보행자를 충격한 경우 보도침범사고가 된다.

해설 08   최고속도의 100분의 50을 줄인 속도로 운행하여야 하는 경우
- 폭우·폭설·안개 등으로 가시거리가 100미터 이내인 경우
- 노면이 얼어붙은 경우
- 눈이 20밀리미터 이상 쌓인 경우

해설 09   화물자동차 운전자에게 화물자동차운수사업법 제11조제23항 및 「자동차관리법」 제35조를 위반하여 전기·전자장치(최고속도제한장치에 한정한다)를 무단으로 해체하거나 조작한 경우에는 일반화물의 경우 100만 원의 과징금이 처분된다. (화물자동차 운수사업법 시행령 [별표 2] 과징금을 부과하는 위반행위의 종류와 과징금의 금액(제7조 관련) 〈개정 2020. 6. 16.〉 [시행일 : 2020. 7. 1.])

해설 10   12대 중과실에 대한 문제이다. ③ 교차로 내 사고는 12대 중과실사고에 해당하지 않는다.

해설 11   적재중량이 1.5톤을 초과하는 화물자동차는 4차로를 이용해야 한다.

해설 12   신호는 손, 방향지시등, 등화로 한다. 경음기는 신호의 방법이 아니다.

해설 13 운수종사자란 화물자동차의 운전자, 화물의 운송 또는 주선에 관한 사무를 취급하는 사무원 및 이를 보조하는 보조원, 그 밖에 화물자동차 운수사업에 종사하는 자를 말한다.

해설 14 특별검사는 교통사고를 일으켜 사람을 사망하게 하거나 5주 이상의 치료가 필요한 상해를 입힌 사람, 혹은 과거 1년간 「도로교통법 시행규칙」에 따른 운전면허 행정처분기준에 따라 산출된 누산점수가 81점 이상인 사람이 받아야 한다.

해설 15 안전표지란 교통안전에 필요한 주의, 규제, 지시 등을 표시하는 표지판이나, 도로의 바닥에 표시하는 기호, 문자 또는 선 등의 노면표시를 말한다. 권장표지는 안전표지의 종류 구분기준이 아니다.

해설 16 도로법령상 도로는 고속국도, 일반국도, 특별시도·광역시도, 지방도, 시도, 군도, 구도로 구분한다.

해설 17 자동차 소유자가 종합검사를 받아야 하는 기간은 검사 유효기간의 마지막 날(검사유효기간을 연장하거나 검사를 유예한 경우에는 그 연장 또는 유예된 기간의 마지막 날을 말한다) 전후 각각 31일 이내로 한다.

해설 18 건설기계관리법에 따른 자동차는 덤프트럭, 아스팔트 살포기, 노상안정기, 콘크리트믹서트럭, 콘크리트펌프, 천공기(트럭적재식), 콘크리트믹서트레일러, 아스팔트콘크리트 재생기, 도로보수트럭, 3톤 미만의 지게차를 말한다.

해설 19 제작연도에 등록되지 아니한 자동차는 제작연도의 말일을 차령기산일로 한다.

해설 20 자격시험에 합격한 사람은 8시간 동안 법, 안전, 화물취급요령, 응급처치, 운송서비스에 관한 사항을 교육받아야 한다.

해설 21 일시정지란 반드시 차가 멈추어야 하되, 얼마간의 시간 동안 일시적으로 정지상태를 유지해야 하는 교통상황의 의미이다.

해설 22 제2종 보통면허 소지자는 적재중량 4톤 이하의 화물자동차, 승차정원 10인승 이하의 승합자동차, 총 중량 3.5톤 이하의 특수자동차(트레일러, 레커 제외), 승용자동차와 원동기장치자전거를 운전할 수 있다.

해설 23 자동차의 튜닝 신청서류는 자동차등록증, 구조·장치변경승인서, 튜닝 전후의 주요제원대비표, 튜닝 전후의 자동차외관도(외관의 변경이 있는 경우에 한한다.), 튜닝하고자 하는 구조·장치의 설계도, 구조·장치변경작업완료증명서이다. 보험가입 여부는 확인하지 않아도 된다.

해설 24 다른 사람의 요구에 응하여 유상으로 화물운송계약을 중개·대리하는 사업을 화물자동차 운송주선사업이라 한다.

해설 25 화물자동차 운송가맹사업을 경영하려는 자는 국토교통부령으로 정하는 바에 따라 국토교통부장관에게 '허가'를 받아야 한다.

1. 실전모의고사 1회 [해설과 정답]

해설 26 전화로 발송할 물품을 접수받을 때 반드시 집하 가능한 일자와 고객의 배송요구일자를 확인한 후 배송 가능한 경우에 고객과 약속하고, 약속 불이행으로 불만이 발생하지 않도록 한다.

해설 27 밴(van)은 상자형 화물실을 갖추고 있는 트럭으로 지붕이 없는 것(오픈 톱형)도 포함한다.

해설 28 길이가 고르지 못하면 한쪽 끝이 맞도록 한다.

해설 29 박스 물품이 아닌 쌀, 매트, 카펫 등에 운송장을 부착할 때에는 물품의 정중앙에 운송장을 부착한다.

해설 30 운송에 적합하도록 포장한 물건은 인수해야 한다.

해설 31 풀붙이기와 밴드걸기 방식을 병용한 것은 수평 밴드걸기 풀붙이기 방식이다. 이 방식은 화물의 붕괴를 방지하는 효과를 한층 더 높이는 방법이다.

해설 32 화물더미의 화물을 출하할 때에는 위에서부터 순차적으로 층계를 지으면서 작업하고, 상층과 하층에서 동시에 작업하지 않고, 중간에서 화물을 뽑아내거나 직선으로 깊이 파내는 작업을 해서는 안 된다.

해설 33 위험물 이외의 화물과 목재화물은 동일 컨테이너에 수납 가능하다.

해설 34 송하인은 송하인의 주소, 성명, 전화번호, 수하인의 주소, 성명, 전화번호, 물품의 품명, 수량, 가격, 특약사항, 약관설명, 확인필, 자필서명, 면책확인서 자필서명 등을 기재해야 한다.

해설 35 자동차에 주유할 때는 자동차 등의 원동기를 정지시키고, 정당한 이유 없이 다른 자동차 등을 그 주유 취급소 안에 주차시켜서는 안 된다.

해설 36 운송장에 인도예정일의 기재가 없는 경우 일반지역의 운송물은 2일, 도서, 산간벽지는 3일 이내에 인도해야 한다.

해설 37 김치, 젓갈, 한약류 등이 수량에 비해 포장이 약한 경우는 오손사고의 원인이다.

해설 38 세미 트레일러란 세미 트레일러용 트랙터에 연결하여 총 하중의 일부분이 견인하는 자동차에 의해서 지탱되도록 설계된 트레일러를 말한다.

해설 39 화물이 도착 또는 경유할 터미널 및 배달할 장소를 기록한다.

해설 40 진공포장이란 밀봉 포장된 상태에서 공기를 빨아들여 밖으로 뽑아버림으로써 물품의 변질, 내용물의 활성화 등을 방지하는 것을 목적으로 하는 포장을 말한다. 즉, 유연한 플라스틱필름으로 물건을 싸고 내부를 공기가 없는 상태로 만듦과 동시에 필름의 둘레를 용착밀봉(溶着密封)하는 방법으로 식품포장 등에 많이 사용된다.

해설 41 중앙분리대로 설치된 방호울타리는 차량의 횡단을 방지, 감속, 튕겨나가지 않도록 하며 차량 손상이 적도록 하는 기능을 한다.

해설 42 운전자의 신체·생리적 조건에는 피로, 약물, 질병이 있다.

해설 43 엔진 계통 엔진오일 과다 소모 시 조치방법은 엔진 피스톤 링 교환, 실린더라이너 교환, 실린더 교환이나 보링, 오일팬이나 개스킷 교환, 에어 클리너 청소 및 장착방법 준수 철저 등이다. 휠밸런스 조정은 조향장치 이상 시 조치방법이다.

해설 44 주행 전 차체에 이상한 진동이 느껴질 때는 엔진에서의 고장이 주원인이다. 플러그 배선이 빠져있거나 플러그 자체가 나쁠 때 이런 현상이 나타난다.

해설 45 운전자가 위험을 인지하고 자동차를 정지시키려고 시작하는 순간부터 자동차가 완전히 정지할 때까지의 시간을 정지시간이라고 하며, 이 시간 동안 진행한 거리를 정지거리라고 한다.

해설 46 신호기는 교통흐름을 시간적으로 분리하고, 입체교차로는 교통흐름을 공간적으로 분리한다.

해설 47 20/20이 정상시력이므로 20/40은 정상시력의 절반 시력을 가진 사람이다. 따라서 2배의 큰 글자를 보여주어야 같은 효과를 낼 수 있다.

해설 48 운행 전 조향핸들의 높이와 각도를 조절하여 운행 중에는 조정하지 않아야 한다.

해설 49 트레드 홈의 깊이는 1.6mm 이상 유지하여야 한다.

해설 50 노즈 업(Nose Up)이란 자동차가 출발할 때 구동 바퀴는 이동하려 하지만 차체는 정지하고 있기 때문에 앞 범퍼 부분이 들리게 되는 것을 말한다. 스쿼트(Squat) 현상이라고도 한다.

해설 51 대향차량 간의 전조등에 의한 눈부심 현상을 현혹현상이라 한다.

해설 52 예전에 통과한 장소라도 육교 밑을 통과할 때에는 늘 높이에 주의하여 서서히 운행하여야 한다.

해설 53 교통사고의 3대 요인은 인적, 도로 환경, 차량 요인이다.

해설 54 베이퍼 록 현상에 대한 정의를 묻는 문제이다.

해설 55 중앙분리대에는 방호울타리형, 연석형, 광폭형이 있다.

해설 56 어린이들이 당하기 쉬운 교통사고 유형은 도로에 갑자기 뛰어들기, 도로 횡단 중의 부주의, 도로상에서의 위험한 놀이, 자전거사고, 차내 안전사고 등이 있다.

1. 실전모의고사 1회 [해설과 정답]

해설 57 피로 또는 과로상태에서는 졸음운전이 발생될 수 있고 이는 교통사고로 이어질 수 있다.

해설 58 자동차의 차도이탈을 방지하는 것은 곡선부 방호울타리의 기능이다.

해설 59 현가장치는 차량의 무게를 지탱하여 차체가 직접 차축에 얹히지 않도록 해주며 도로 충격을 흡수하여 운전자와 화물에 더욱 유연한 승차를 제공하는 역할을 한다.

해설 60 클러치 스위치 점검은 덤프 작동 불량 시 점검방법이다.

해설 61 횡단 중 한쪽 방향에만 주의를 기울이는 경우가 인지결함의 원인이다.

해설 62 10m 거리에서 15mm 크기의 글자를 읽을 수 있으면 정상시력 1.0이다. 따라서 5m 떨어진 거리에서 15mm의 문자를 판독할 수 있드면 정상시력의 절반인 0.5가 된다.

해설 63 곡선반경이 작은 도로인 경우에 속도를 줄여 운행한다.

해설 64 운반 책임자와 운전자는 부득이한 경우를 제외하고는 당해 차량에서 동시에 이탈하지 말아야 한다.

해설 65 교통사고 요인은 간접적 요인, 중간적 요인, 직접적 요인 3가지로 구분된다.

해설 66 새로운 패러다임의 확립을 위해서는 근본적으로 물류비용의 절감이 필요하다.

해설 67 직업의 사회적 의미는 자기가 맡은 역할을 수행하는 능력을 인정받는 것이다.

해설 68 운전면허 기재사항 변경 시에도 회사에 즉시 보고하여야 한다.

해설 69 고객이 현장사원 등과 접하는 환경과 분위기를 고객만족 쪽으로 실현하기 위한 소프트웨어(Software) 품질은 영업품질이다. 고객에게 상품과 서비스를 제공하기까지의 모든 영업활동을 고객지향적으로 전개하여 고객만족도 향상에 기여하도록 한다.

해설 70 고객만족을 위한 수요창출의 최첨단에 있고, 대고객서비스의 수준을 높이는 일선 근무자는 바로 운전자이다.

해설 71 고객서비스 수준의 결정은 고객지향적이어야 하며, 경쟁사의 서비스 수준을 비교한 후 그 기업이 달성하고자 하는 특정한 수준의 서비스를 최소의 비용으로 고객에게 제공하여야 한다.

해설 72 제4자 물류의 개념은 컨설팅 기능까지 수행하는 제3자 물류를 의미한다.

해설 73 수송경로 선정은 계획 단계에 포함된다.

해설 74 전화를 받지 않는다고 화물을 안 가지고 가면 안 된다.

해설 75 물류네트워크의 평가와 감사를 위한 일반적 지침은 수요, 고객서비스, 제품특성, 물류비용, 가격결정 정책이다.

해설 76 이어타기 수송이란 도킹수송과 유사한 것으로 중간지점에서 운전자만 교체하는 수송방법을 말한다.

해설 77 포장의 정의에 대한 문제이다.

해설 78 GPS로 운송차량의 24시간 추적이 가능하다.

해설 79 문제는 제1자 물류에 대한 설명이다.

해설 80 고객의 물류클레임 중 제품의 품질만큼 중요하게 여기는 것으로는 오손, 파손, 오품, 수량오류, 오량, 오출하, 전표오류, 지연 등이 있다.

[정답]

1	2	3	4	5	6	7	8	9	10
③	②	④	③	①	④	④	③	③	③
11	12	13	14	15	16	17	18	19	20
③	④	②	④	③	①	②	②	③	②
21	22	23	24	25	26	27	28	29	30
④	②	①	②	②	①	②	②	①	②
31	32	33	34	35	36	37	38	39	40
③	④	①	②	①	②	①	③	④	③
41	42	43	44	45	46	47	48	49	50
③	③	④	①	②	④	④	②	①	①
51	52	53	54	55	56	57	58	59	60
②	②	③	②	④	③	④	④	③	③
61	62	63	64	65	66	67	68	69	70
③	①	④	②	③	④	④	③	①	③
71	72	73	74	75	76	77	78	79	80
①	③	③	②	④	③	①	③	①	③

02 실전모의고사 2회

문제 01 편도 4차로인 고속도로 외의 도로에서 차로에 따른 통행차량 연결이 잘못된 것은?
① 1차로 : 승용자동차
② 2차로 : 총 중량이 3.5톤 이하인 특수자동차
③ 3차로 : 적재중량이 1.5톤 이하인 화물자동차
④ 4차로 : 건설기계

문제 02 도로법령상 차량의 구조나 적재화물의 특수성으로 인하여 관리청의 운행 허가를 받으려는 자는 신청서를 작성하여 도로 관리청에 제출해야 하는데 신청서 기재 사항으로 틀린 것은?
① 운행하려는 도로의 종류 및 노선명
② 하이패스 및 블랙박스 설치 유무
③ 통행구간 및 그 총 연장
④ 운행방법

문제 03 대기환경보전법의 목적에 해당되지 않는 것은?
① 대기오염으로 인한 국민건강 및 환경상의 위해를 예방하기 위함
② 대기환경을 적정하고 지속가능하게 관리·보전하기 위함
③ 모든 국민이 건강하고 쾌적한 환경에서 생활할 수 있게 하기 위함
④ 차량 소음발생 방지장치 장착을 유도하기 위함

문제 04 교통사고를 일으켜 5주 이상의 치료가 필요한 상해를 입힌 자가 받아야 하는 검사는?

① 운전적성 정밀검사 중 갱신검사
② 운전적성 정밀검사 중 특별검사
③ 운전적성 정밀검사 중 유지검사
④ 운전적성 정밀검사 중 신규검사

문제 05 화물자동차 운전자의 취업현황 및 퇴직현황을 보고하지 않거나 거짓으로 보고한 경우에 부과되는 과징금으로 틀린 것은?

① 일반 화물자동차 운송사업 : 20만 원
② 개인 화물자동차 운송사업 : 20만 원
③ 화물자동차 운송주선사업 : 없음
④ 화물자동차 운송가맹사업 : 10만 원

문제 06 자동차 튜닝검사를 받고자 하는 자가 자동차검사신청서에 첨부하여 제출해야 할 서류가 아닌 것은?

① 외관 변경을 수반하는 경우 튜닝 전후 자동차의 외관도
② 자동차보험 가입증명서
③ 튜닝 전후 주요제원대비표
④ 자동차등록증

문제 07 보험 등 의무가입자 및 보험회사 등이 책임보험계약 등의 전부 또는 일부를 해제 또는 해지할 수 있는 사유가 아닌 것은?

① 화물자동차 운송사업을 휴업하거나 폐업한 경우
② 보험회사 등이 파산 등의 사유로 영업을 계속할 수 없는 경우
③ 화물자동차 운송사업의 적자누적으로 책임보험을 해제 또는 해지하고자 하는 경우
④ 화물자동차 운송주선사업의 허가가 취소된 경우

문제 08 도로교통법에서 정의하고 있는 '안전지대'에 대한 설명으로 옳은 것은?

① 긴급자동차만 통행할 수 있도록 안전표지나 이와 비슷한 인공구조물로 표시한 도로의 부분
② 도로를 횡단하는 보행자나 통행하는 차마의 안전을 위하여 안전표지나 이와 비슷한 인공구조물로 표시한 도로의 부분
③ 견인자동차가 비상대기할 수 있도록 안전표지나 이와 비슷한 인공구조물로 표시한 도로의 부분
④ 화물자동차의 운송을 원활하게 하기 위하여 안전표지나 이와 비슷한 인공구조물로 표시한 도로의 부분

문제 09 도로교통법령상 최고속도가 120km/h인 편도 2차로 이상 고속도로에서 적재중량이 8톤인 화물자동차의 최고속도는 얼마인가?

① 60km/h
② 90km/h
③ 100km/h
④ 110km/h

문제 10 화물자동차 안 앞면에 게시하도록 되어 있는 화물운송종사자격증명의 게시 위치로 맞는 것은?

① 오른쪽 위
② 오른쪽 아래
③ 왼쪽 위
④ 왼쪽 아래

문제 11 A가 산 자동차의 제작일은 2014년 4월 23일인데, A는 이 자동차를 2015년 1월 15일에 등록하였다. 이 자동차의 차령기산일은?

① 2014년 4월 23일
② 2014년 12월 31일
③ 2015년 1월 1일
④ 2015년 1월 15일

문제 12 화물자동차 운송사업자가 국토교통부장관에게 운임 및 요금을 신고할 때 제출하여야 할 자료가 아닌 것은?

① 운임 및 요금신고서
② 공인회계사가 작성한 원가계산서
③ 운임·요금표
④ 차량의 구조 및 최대적재량

문제 13 서행하여야 하는 장소가 아닌 것은?

① 교통정리를 하고 있지 아니하는 교차로
② 교차로나 그 부근에서 긴급자동차가 접근하는 경우
③ 도로가 구부러진 부근
④ 지방경찰청장이 안전표지로 지정한 곳

문제 14 보행신호의 종류 중 녹색등화의 점멸에 대한 설명으로 맞는 것은?

① 보행자는 횡단을 시작하여서는 아니 되고, 횡단하고 있는 보행자는 중앙선에 멈추어 서 있어야 한다.
② 보행자는 횡단을 시작하여서는 아니 되고, 횡단하고 있는 보행자는 신속하게 횡단을 완료하거나 그 횡단을 중지하고 보도로 되돌아와야 한다.
③ 보행자는 횡단을 신속하게 시작하여야 하고, 횡단하고 있는 보행자는 반드시 그 횡단을 중지하고 보도로 되돌아와야 한다.
④ 보행자는 횡단을 신속하게 시작하여야 하고, 횡단하고 있는 보행자는 신속하게 횡단을 완료하여야 한다.

문제 15 자동차관리법에 규정된 내용이 아닌 것은?

① 자동차의 등록
② 자동차의 안전기준
③ 자동차의 검사
④ 자동차의 통행방법

문제 16 적재중량 5톤인 화물자동차가 법정최고속도를 40km/h 초과하여 운행하다 단속되었을 때에 운전자에게 부과되는 범칙금은?

① 3만 원　　　② 7만 원　　　③ 9만 원　　　④ 10만 원

문제 17 교통사고처리특례법에 따라 형사처벌의 특례(면책)를 적용받을 수 있는 사고는?

① 사망사고
② 뺑소니 인사사고
③ 앞지르기의 방법·금지 위반 사상사고
④ 500만 원 이상의 물적 피해사고

문제 18 제1종 보통운전면허로 운전할 수 있는 차량이 아닌 것은?

① 승차정원이 12인 이하의 긴급자동차(승용 및 승합자동차에 한정한다.)
② 적재중량 12톤 미만인 화물자동차
③ 승차정원 25인승 승합자동차
④ 총 중량 10톤 미만인 특수자동차(트레일러 및 레커는 제외한다.)

문제 19 운수종사자가 아닌 사람은?

① 화물자동차의 운전자
② 화물의 운송 또는 운송주선에 관한 사무를 취급하는 사무원
③ 화물의 운송 또는 운송주선에 관한 사무를 취급하는 사무원을 보조하는 보조원
④ 화물 수탁인

문제 20 교통사고처리특례법상 중앙선 침범에 해당하지 않는 경우는?

① 사고피양 중 부득이하게 중앙선을 침범한 경우
② 고의 또는 의도적으로 중앙선을 침범한 경우
③ 중앙선을 걸친 상태로 계속 진행한 경우
④ 커브길 과속운행으로 중앙선을 침범한 경우

문제 21 도로법령에서 도로관리청이 도로의 편리한 이용과 안전 및 원활한 도로교통의 확보 그 밖에 도로의 관리를 위하여 설치하는 시설 또는 공작물을 무엇이라 하는가?

① 고속국도 ② 일반국도
③ 지방도 ④ 도로의 부속물

문제 22 화물자동차 운수사업법령에서 정한 공제조합의 사업에 해당하지 않는 것은?

① 조합원의 사업용 자동차의 사고로 생긴 배상 책임 및 적재물 배상에 대한 공제
② 경영자와 운수종사자의 교육훈련
③ 조합원이 사업용 자동차를 소유·사용·관리하는 동안 발생한 사고로 그 자동차에 생긴 손해에 대한 공제
④ 운수종사자가 조합원의 사업용 자동차를 소유 사용 관리하는 동안에 발생한 사고로 입은 자기 신체의 손해에 대한 공제

문제 23 자동차 사용 본거지 변동 등의 사유로 자동차 종합검사의 대상이 된 자동차 등 자동차 정기검사의 기간 중에 있는 자동차는 변경등록을 한 날부터 며칠 이내에 자동차 종합검사를 받아야 하는가?

① 12일 ② 22일
③ 42일 ④ 62일

문제 24 시·도지사의 저공해자동차로의 전환명령을 이행하지 않은 차에 대한 처벌기준은?

① 300만 원 이하의 과태료 ② 400만 원 이하의 과태료
③ 500만 원 이하의 과태료 ④ 600만 원 이하의 과태료

문제 25 다른 사람의 요구에 응하여 화물자동차를 사용하여 화물을 유상으로 운송하는 사업은?

① 화물자동차 운송사업 ② 화물자동차 영업사업
③ 화물자동차 운영사업 ④ 화물자동차 운반가맹사업

문제 26 화물의 인수요령으로 맞는 것은?
① 인수(집하)예약은 반드시 접수대장에 기재하여 누락되는 일이 없도록 한다.
② 수하인의 주소 및 수하인이 맞는지 확인한 후 인계한다.
③ 긴급을 요하는 화물은 우선순위로 배송할 수 있도록 쉽게 꺼낼 수 있게 적재한다.
④ 다수의 화물이 도착하였을 때에는 미도착 수량이 있는지 확인한다.

문제 27 운송장 기재사항 중 집하담당자의 기재사항이 아닌 것은?
① 물품의 수량
② 운송료
③ 접수일자
④ 발송점

문제 28 화물자동차의 적재량 구조에 따른 합리화 특장차의 종류에 해당하지 않는 것은?
① 측방 개폐차
② 실내하역기기 장비차
③ 시스템 차량
④ 분입체 수송차

문제 29 독극물을 운반할 때의 방법으로 적절하지 않은 것은?
① 독극물의 취급 및 운반은 거칠게 다루지 않는다.
② 독극물이 들어 있는 용기는 손으로 직접 다루지 말고, 굴려서 운반한다.
③ 취급불명의 독극물은 함부로 다루지 않는다.
④ 도난 방지를 위해 보관을 철저히 한다.

문제 30 트레일러 구조명칭에 따른 종류로서 틀린 것은?
① 평상식 트레일러
② 특수차량 트레일러
③ 저상식 트레일러
④ 중저상식 트레일러

문제 31 운송장 부착에 대한 설명으로 맞는 것은?
① 물품박스 우측면에 부착한다.
② 물품박스 좌우 모서리에 부착한다.
③ 물품박스 바닥면에 부착한다.
④ 물품박스 정중앙 상단에 부착한다.

문제 32 운송장의 기록에 대한 사항 중 맞지 않는 것은?
① 운송장번호와 그 번호를 나타내는 바코드는 운송장을 인쇄할 때 기록되기 때문에 운전자가 별도로 기록할 필요는 없다.
② 화물을 인수할 사람의 정확한 이름과 주소와 전화번호를 기록해야 한다.
③ 배송이 어려운 경우를 대비하여 송하인의 전화번호를 반드시 확보하여야 한다.
④ 운송장 번호는 상당 기간이 지나면 중복되어도 상관없다.

문제 33 화물의 하역방법으로 적절하지 않은 것은?
① 상자로 된 화물은 취급표지에 따라 다루어야 한다.
② 길이가 고르지 못하면 한쪽 끝이 맞도록 한다.
③ 종류가 다른 것을 적치할 때는 가벼운 것을 밑에 쌓는다.
④ 물품을 야외에 적치할 때에는 밑받침을 하고 덮개로 덮는다.

문제 34 팔레트 화물의 붕괴를 방지하기 위한 방식이 아닌 것은?
① 박스테두리 방식   ② 스트레치 방식
③ 밴드걸기 방식   ④ 완충포장 방식

문제 35 진동이나 충격에 의한 물품파손을 방지하고 외부로부터 힘이 직접 물품에 가해지지 않도록 외부 압력을 완화시키는 포장방법은?
① 진공포장   ② 수축포장
③ 완충포장   ④ 압축포장

문제 36 창고에서 화물을 옮길 때 주의사항으로 맞지 않는 것은?

① 창고의 통로 등에는 장애물이 없도록 조치한다.
② 바닥에 물건 등이 놓여 있으면 넘어 다닌다.
③ 바닥의 기름기나 물기는 즉시 제거하여 미끄럼 사고를 예방한다.
④ 운반통로에 있는 맨홀이나 홀에 주의한다.

문제 37 택배 표준약관상 사업자가 운송물의 수탁을 거절할 수 있는 경우에 대한 설명 중 틀린 것은?

① 운송물의 인도예정일(시)에 따른 운송이 불가능한 경우
② 운송물이 화약류·인화물질 등 위험한 물건인 경우
③ 운송물이 재생불가능한 계약서, 원고, 서류인 경우
④ 운송물 1포장의 가액이 100만 원을 초과하는 경우

문제 38 차량 내 화물 적재방법으로 맞지 않는 것은?

① 정차 시 넘어지지 않도록 질서있게 정리하여 적재한다.
② 차의 요동으로 안정이 파괴되기 쉬운 짐은 결박하지 않는다.
③ 긴 물건을 적재할 때는 적재함 밖으로 나온 부위에 위험표시를 하여 둔다.
④ 둥글고 구르기 쉬운 물건은 상자에 넣어 적재한다.

문제 39 화물의 사고 발생 시 배달요령으로 틀린 것은?

① 화주와 대면 시 사업자의 책임을 최대한 배제토록 사고경위를 설명한다.
② 화주와 화물상태를 상호 확인한 후 사고 관련 자료를 요청한다.
③ 대략적인 사고처리과정을 알리고, 해당 지점 또는 사무소에 연락처와 사후 조치 사항에 대한 안내를 한 뒤 사과를 한다.
④ 화주에게 정중히 인사를 한 뒤 사고경위를 설명한다.

문제 40 이사화물 표준약관상 고객은 사업자의 귀책사유로 이사화물의 인수가 지연될 경우 계약을 해제하고 사업자에게 손해배상을 청구할 수 있다. 이때 지연은 몇 시간 이상을 의미하는가?

① 1시간 이상
② 2시간 이상
③ 3시간 이상
④ 4시간 이상

문제 41 다른 차가 자신의 차를 앞지르기할 때의 안전운전 요령이 아닌 것은?

① 자신의 차량 속도를 앞지르기를 시도하는 차량의 속도 이하로 적절히 감속한다.
② 주행하던 차로를 그대로 유지한다.
③ 다른 차가 안전하게 앞지르기할 수 있도록 배려한다.
④ 앞지르기 금지장소에서는 앞지르기하는 차의 진로를 막아 위험을 방지한다.

문제 42 섀시 계통 고장 중 제동 시 차량 쏠림현상이 발생하는 경우 점검 방법으로 옳지 않은 것은?

① 좌·우 타이어의 공기압 점검
② 좌·우 브레이크 라이닝 간극 및 드럼손상 점검
③ 클러치 스위치 점검
④ 브레이크 에어 및 오일 파이프 점검

문제 43 다음 중 여름철 자동차 관리요령과 거리가 먼 것은?

① 출발 전 차 내 공기를 환기시켜 더운 공기가 빠져나간 다음에 운행한다.
② 잦은 비에 대비하여 와이퍼의 정상 작동 여부를 점검한다.
③ 물에 잠겼던 자동차는 배선부분의 전기 합선이 일어나지 않도록 점검한다.
④ 빗길 미끄럼 사고에 대비하여 타이어 트레드 홈의 깊이가 최소 1.0mm 이상인지 확인한다.

문제 44 운전자의 운전과정의 결함에 의한 교통사고 중 차지하는 비중이 높은 순으로 맞게 나열한 것은?

① 조작 > 판단 > 인지
② 인지 > 판단 > 조작
③ 인지 > 조작 > 판단
④ 조작 > 인지 > 판단

문제 45 교통사고의 3대 요인에 해당하지 않는 것은?

① 인적 요인
② 차량 요인
③ 법률적 요인
④ 도로 환경 요인

문제 46 차 대 사람의 교통사고 중 횡단사고위험이 가장 큰 요인은?

① 무단횡단
② 횡단보도횡단
③ 보행신호 준수 횡단
④ 육교 위 횡단

문제 47 위험물(가스) 수송차량의 운전자가 주의할 사항으로 옳지 않은 것은?

① 운행 및 주차 시의 안전조치와 재해발생 시에 취해야 할 조치를 숙지한다.
② 운송 중은 물론 정차 시에도 허용된 장소 이외에서는 흡연이나 그 밖의 화기를 사용하지 않는다.
③ 가스탱크 수리는 주변과 차단된 밀폐된 공간에서 한다.
④ 지정된 장소가 아닌 곳에서는 탱크로리 상호 간에 취급물품을 입·출하시키지 말아야 한다.

문제 48 운전피로에 대한 일반적인 설명으로 적절하지 않은 것은?

① 전신에 걸쳐 나타난다.
② 대뇌에 피로(나른함, 불쾌감 등)가 몰려든다.
③ 운전작업의 생략이나 착오가 발생할 수 있다는 위험신호이다.
④ 일반적 피로보다 회복시간이 짧다.

문제 49 내리막길에서 순간적으로 고단에서 저단으로 기어 변속 시 엔진 내부가 손상되는 것과 관련이 있는 것은?

① 엔진 과회전(Over Revolution) 현상
② 엔진 온도 과열
③ 엔진 오일 과다 소모
④ 엔진 시동 꺼짐

문제 50 차량점검 및 주의사항으로 잘못된 것은?

① 트랙터 차량의 경우 트레일러 브레이크만을 사용하여 주차한다.
② 주차 브레이크를 작동시키지 않은 상태에서 절대로 운전석에서 떠나지 않는다.
③ 주차 시에는 항상 주차 브레이크를 사용한다.
④ 운행 전에 조향핸들의 높이와 각도가 맞게 조정되어 있는지 점검한다.

문제 51 길어깨에 대한 설명으로 가장 거리가 먼 것은?

① 차도와 길어깨를 구획하는 노면표시는 교통사고를 증가시킨다.
② 일반적으로 길어깨의 폭이 넓을수록 교통사고 예방효과가 커진다.
③ 길어깨가 토사나 자갈 또는 잔디로 된 것보다 포장된 노면이 더 안전하다.
④ 길어깨는 고장차량을 주행차로 밖으로 이동 또는 대피시키는 장소로 유용하게 이용된다.

문제 52 자동차의 현가장치와 관련된 현상과 거리가 먼 것은?

① 바운싱(Bouncing)   ② 피칭(Pitching)
③ 노킹(Knocking)   ④ 요잉(Yawing)

문제 53 일반적으로 중앙분리대를 설치하면 어떤 유형의 교통사고가 가장 크게 감소하는가?

① 정면충돌사고   ② 추돌사고
③ 직각충돌사고   ④ 측면접촉사고

문제 54 운전자가 위험을 인지하고 브레이크를 작동시키는 순간부터 자동차가 완전히 정지될 때까지 진행한 거리를 무엇이라 하는가?
① 공주거리　　② 정차거리　　③ 작동거리　　④ 제동거리

문제 55 중앙분리대로 설치한 방호울타리의 기준으로 적합하지 않은 것은?
① 차량이 방호울타리와 충돌할 경우 튕겨나갈 수 있어야 한다.
② 차량이 방호울타리와 충돌할 경우 차량의 손상을 감소시킬 수 있어야 한다.
③ 차량이 반대차로로 침범하는 것을 방지할 수 있어야 한다.
④ 충돌 시 차량의 속도를 감속시킬 수 있어야 한다.

문제 56 엔진 시동꺼짐현상에 대한 점검방법이 아닌 것은?
① 연료파이프 누유 및 공기유입 확인
② 엔진오일 및 필터 상태 점검
③ 연료 탱크 내 이물질 혼입 여부 확인
④ 워터 세퍼레이터 공기 유입 확인

문제 57 가스 저장시설로부터 차량에 고정된 탱크로 가스를 주입할 때 취할 조치로 잘못된 것은?
① 차량의 엔진이나 전기장치로 인한 스파크 발생에 주의한다.
② 차량이 움직이지 않도록 바퀴를 고정목 등으로 확실하게 고정시킨다.
③ 불의의 화재발생에 대비하여 소화기를 즉시 사용할 수 있는가를 확인한다.
④ 위험한 작업이므로 운전자는 가급적 차량으로부터 멀리 떨어져 있도록 한다.

문제 58 방어운전의 요령으로 가장 적절한 것은?
① 다른 차량이 끼어들 우려가 있는 경우에는 다른 차량과 나란히 주행하도록 한다.
② 차량이 많을 때는 속도를 가속하여 다른 차들을 앞서야 한다.
③ 대형차를 뒤따를 때는 신속한 앞지르기를 하여 대형차 앞에서 주행하도록 한다.
④ 뒤차가 바짝 뒤따라올 때는 가볍게 브레이크 페달을 밟아 제동등을 켠다.

문제 59 고속도로에서 고속주행 시 주변의 경관이 흐르는 선처럼 보이는 현상은?
① 페이드 현상
② 유체자극 현상
③ 플랫타이어 현상
④ 하이드로플래닝 현상

문제 60 감정이 격앙되었거나 시간에 쫓기는 경우 발생하는 교통사고의 심리적 요인에 해당하는 것은?
① 크기의 착각
② 속도의 착각
③ 예측의 실수
④ 원근의 착각

문제 61 내리막길에서 풋 브레이크만 사용하게 되면 라이닝의 마찰에 의해 제동력이 떨어지므로 어떤 브레이크를 사용하는 것이 안전한가?
① 제이크 브레이크
② 사이드 브레이크
③ 엔진 브레이크
④ 앤티록 브레이크

문제 62 어린이의 교통행동 특성이 아닌 것은?
① 교통상황에 대한 주의력이 부족하다.
② 판단력이 부족하고 모방행동이 많다.
③ 사고방식이 복잡하다.
④ 추상적인 말은 잘 이해하지 못하는 경우가 많다.

문제 63 운전면허를 취득하려는 경우 색채 식별이 가능하여야 하는 색상과 관계가 없는 것은?
① 붉은색
② 흰색
③ 녹색
③ 노란색

문제 64 간선도로와 비교할 때 이면도로의 교통사고 위험요인으로 볼 수 없는 것은?

① 차의 속도가 간선도로보다 빠르다.
② 좁은 도로가 많이 교차하고 있다.
③ 도로의 폭이 좁고 안전시설이 미흡하다.
④ 차량과 보행자가 혼재하는 경우가 많다.

문제 65 운전과 관련되는 시력측정에 대한 설명으로 맞지 않는 것은?

① 속도가 빨라질수록 시력은 떨어진다.
② 속도가 빨라질수록 시야의 범위가 좁아진다.
③ 속도가 빨라질수록 전방주시점은 멀어진다.
④ 전방주시점이 멀어질수록 가까운 물체가 뚜렷이 보인다.

문제 66 물류코스트의 상승과 가장 관계가 깊은 수송체계는?

① 고빈도 대량 수송체계
② 고빈도 소량 수송체계
③ 저빈도 대량 수송체계
④ 저빈도 소량 수송체계

문제 67 주문상황에 대해 최적의 수·배송계획을 수립함으로써 수송비용을 절감하려는 시스템은?

① 화물정보시스템
② 수·배송관리시스템
③ 터미널화물정보시스템
④ 통합화물정보시스템

문제 68 고객의 욕구라고 할 수 없는 내용은?

① 기억되기를 바란다.
② 관심을 가지는 것을 싫어한다.
③ 환영받고 싶어한다.
④ 중요한 사람으로 인식되기를 바란다.

문제 69 새로운 물류서비스 기업 중 공급 망 관리가 표방하는 것은?
① 종합물류
② 무인도전
③ 로지스틱스
④ 토탈물류

문제 70 물류비를 절감하여 물가 상승을 억제하고 정시배송의 실현을 통한 수요자 서비스 향상에 이바지하는 물류 관점은?
① 사회경제적 관점
② 국민경제적 관점
③ 개별기업적 관점
④ 종합국가적 관점

문제 71 재고품으로 주문품을 공급할 수 있는 정도를 나타내는 용어는?
① 재고신뢰성
② 주문처리시간
③ 납기
④ 주문품의 상품구색시간

문제 72 선박 및 철도와 비교한 화물자동차 운송의 특징을 잘 설명하고 있는 것은?
① 선박과 철도에 비해 대량 수송 가능
② 원활한 기동성과 신속한 수·배송 가능
③ 운송기간 과다 소요 또는 궤도노선에 의지
④ 별도의 컨테이너집하장 반드시 필요

문제 73 다음 중 고객 대면 시 인사하는 마음가짐으로 적합하지 않은 것은?
① 밝고 상냥한 미소로 하여야 한다.
② 정성과 미안한 마음으로 하여야 한다.
③ 예절바르고 정중하게 하여야 한다.
④ 경쾌하고 겸손한 인사말과 함께 하여야 한다.

문제 74 주파수 공용통신의 도입효과로 볼 수 없는 것은?
① 차량 위치추적 기능의 활용으로 도착시간의 정확한 추정이 가능해진다.
② 배차 후 화주의 기착지 변경이나 취소에 따른 신속대응이 어렵다.
③ 고장차량에 대응한 차량 배치나 지연사유 분석이 가능해진다.
④ 데이터통신에 의한 장시간 처리가 가능해 관리업무가 축소된다.

문제 75 물류자회사를 통해 화물을 처리하는 물류는?
① 제1자 물류
② 제2자 물류
③ 제3자 물류
④ 제4자 물류

문제 76 공급망관리에 있어 제4자 물류의 4단계 중 참여자의 공급망을 통합하기 위해서 비즈니스 전략을 공급망 전략과 제휴하면서 전통적인 공급망 컨설팅 기술을 강화하는 단계는?
① 재창조
② 전환
③ 이행
④ 실행

문제 77 도킹수송과 흡사한 방법으로 중간지점에서 운전자만 교체하는 수송방법을 무엇이라고 하는가?
① 바꿔 태우기 수송
② 교차 수송
③ 이어타기 수송
④ 왕복 수송

문제 78 운행 전 주의사항에 해당하는 것은?
① 후진 시에는 유도요원을 배치하여 신호에 따라 안전하게 후진한다.
② 배차사항 및 지시, 전달사항을 확인한다.
③ 내리막길에서는 풋 브레이크의 장시간 사용을 삼가고, 엔진 브레이크 등을 적절히 사용하여 안전운행 한다.
④ 후속차량이 추월하고자 할 때는 감속 등으로 양보운전 하여야 한다.

문제 79 생산된 재화가 최종 고객이나 소비자에게까지 전달되는 물류과정은?

① 물적 유통과정 ② 물적 공급과정
③ 물적 생산과정 ④ 물적 소비과정

문제 80 고객만족을 위한 서비스 품질의 분류에 속하는 것은?

① 경험품질 ② 소비품질
③ 영업품질 ④ 신뢰품질

02 실전모의고사 2회 [해설과 정답]

해설 01 고속도로 외의 도로이고 편도 4차로이면 2차로는 승용자동차, 중소형승합자동차가 통행할 수 있다.

해설 02 신청서 기재사항에는 운행하려는 도로의 종류 및 노선명, 운행구간 및 총 연장, 차량의 제원, 운행기간, 운행목적, 운행방법이 포함된다. 하이패스, 블랙박스의 설치 유무는 관계없다.

해설 03 대기환경보전법은 대기오염으로 인한 국민건강이나 환경에 관한 위해(危害)를 예방하고, 대기환경을 적정하고 지속가능하게 관리·보전하여 모든 국민이 건강하고 쾌적한 환경에서 생활할 수 있게 하는 것을 목적으로 한다.

해설 04 운전적성 정밀검사 중 특별검사는 교통사고를 일으켜 사람을 사망하게 하거나 5주 이상의 치료가 필요한 상해를 입힌 사람, 과거 1년간 도로교통법 시행규칙에 따른 운전면허 행정처분기준에 따라 산출된 누산점수가 81점 이상인 사람이 받는 검사이다.

해설 05 과징금부과기준은 아래와 같다.

위반 내용	해당 조문	처분 내용(단위 : 만 원)			
		화물자동차 운송사업		화물자동차 운송주선사업	화물자동차 운송가맹사업
		일반	개인		
7. 화물자동차 운전자의 취업현황 및 퇴직현황을 보고하지 않거나 거짓으로 보고한 경우	시행규칙 제21조제9호(제41조의11에서 준용하는 경우를 포함한다)	20	10	-	10

해설 06 보험가입 여부는 확인하지 않아도 된다.

해설 07 사업의 적자를 사유로 책임보험계약을 해지해서는 안 된다.

해설 08 안전지대란 도로를 횡단하는 보행자나 통행하는 차마의 안전을 위하여 안전표지나 이와 비슷한 인공구조물로 표시한 도로의 부분을 말한다.

해설 09 적재중량 1.5톤 초과 화물자동차는 매시 90km 이내로 주행하여야 한다.

해설 10 화물자동차 운전자는 화물운송 종사자격 증명을 화물자동차 안 앞면 오른쪽 위에 항상 게시하고 운행하여야 한다.

해설 11 제작연도에 등록된 차는 최초 신규등록일, 제작연도에 등록되지 않은 차는 제작연도의 말일을 차령기산일로 한다.

해설 12 운임 및 요금 신고 시 필요자료는 운임 및 요금신고서, 공인회계사가 작성한 원가계산서, 운임·요금표, 운임 및 요금의 신·구대비표(변경신고 시에만 해당)이다.

해설 13 교차로나 그 부근에 긴급자동차가 접근하는 경우에는 교차로를 피하여 도로의 우측 가장자리에 일시정지하여야 한다.

해설 14 녹색등화의 점멸 시에는 보행자는 횡단을 시작하여서는 아니 되고, 횡단하고 있는 보행자는 신속하게 횡단을 완료하거나 그 횡단을 중지하고 보도로 되돌아와야 한다.

해설 15 자동차의 통행과 관련된 내용은 도로교통법에 규정되어 있다.

해설 16 도로교통법 시행령 별표 8. 범칙행위 및 범칙금액(운전자) 조항에 의거 40km/h 초과 60km/h 이하 속도위반 시 4톤 초과 화물차는 10만 원의 범칙금이 부과된다.

해설 17 사망사고는 그 피해의 중대성과 심각성으로 말미암아 사고차량이 보험이나 공제에 가입되어 있더라도 이를 반의사불벌죄의 예외로 규정하여 형법 제268조에 따라 처벌한다. 따라서 사망사고는 형사처벌 면책대상이 아니다. 물적 피해사고는 형사처벌의 특례를 적용받을 수 있다.

해설 18 제1종 보통면허 소지자는 승차정원이 15인승 이하인 승합자동차만 운전할 수 있다.

해설 19 운수종사자란 화물자동차의 운전자, 화물의 운송 또는 운송주선에 관한 사무를 취급하는 사무원 및 이를 보조하는 보조원, 그 밖에 화물자동차 운수사업에 종사하는 자를 말한다.

해설 20 사고피양 등 만부득이한 중앙선 침범사고는 중앙선 침범이 적용되지 않는다. 그럴지만, 해당 사고는 도로교통법상의 안전운전 불이행으로 처리된다. 만부득이한 경우로는 앞차의 정지를 보고 추돌을 피하려다 중앙선을 침범한 사고, 보행자를 피양하다 중앙선을 침범한 사고, 빙판길에 미끄러지면서 중앙선을 침범한 사고 등이 있다.

해설 21 도로의 부속물에 대한 정의를 묻는 문제이다.

해설 22 경영자와 운수종사자의 교육훈련은 협회가 담당하는 사업이다.

해설 23 해당 차량은 변경등록을 한 날부터 62일 이내에 종합검사를 받아야 한다.

해설 24 대기환경보전법 제58조(저공해자동차의 운행 등) 1항과 동법 제94조(과태료) 조항에 의거 저공해자동차로의 전환 또는 개조 명령, 배출가스저감장치의 부착·교체 명령 또는 배출가스 관련 부품의 교체 명령, 저공해엔진(혼소엔진을 포함한다)으로의 개조 또는 교체 명령을 이행하지 아니한 자에게는 300만원 이하의 과태료를 부과한다.

2. 실전모의고사 2회 [해설과 정답]

해설 25 화물자동차 운송사업이란 다른 사람의 요구에 응하여 화물자동차를 사용하여 화물을 유상으로 운송하는 사업을 말한다.

해설 26 인계요령이 아닌 인수요령을 찾는다. 인수예약은 반드시 대장에 기재하여 누락되는 일이 없도록 한다.

해설 27 물품의 수량은 집하담당자의 기재사항이 아니다.

해설 28 합리화 특장차에는 실내하역기기 장비차, 측방 개폐차, 쌓기·부리기 합리화차, 시스템 차량이 있다.

해설 29
- 독극물이 들어 있는 용기는 쓰러지거나 미끄러지거나 튀지 않도록 철저히 고정하여야 한다.
- 독극물이 들어 있는 용기를 굴리면 내용물이 새거나 쏟아져 나올 수 있으므로 매우 위험하다.

해설 30 트레일러는 구조 형상에 따라 평상, 저상, 중저상, 스케레탈, 밴, 오픈탑, 특수용도 트레일러로 구분된다.

해설 31 운송장은 물품박스 정중앙 상단에 부착한다.

해설 32 운송장 번호는 상당기간 중복되는 번호가 발생되지 않도록 충분한 자릿수가 확보되어야 한다.

해설 33 종류가 다른 것을 적치할 때는 무거운 것은 밑에, 가벼운 것은 위에 쌓는다.

해설 34
- 박스테두리 방식 : 팔레트에 테두리를 붙여 화물 붕괴방지
- 스트레치 방식 : 플라스틱 필름을 화물에 감아 고정하여 붕괴 방지
- 밴드걸기 방식 : 나무상자를 팔레트에 쌓는 경우 붕괴방지에 사용
- 완충포장 방식 : 완충포장은 운송이나 하역 중에 발생되는 가속도의 증가에서 발생되는 물품의 파손을 방지하기 위해서 적용되는 포장방법으로서 소요완형재의 두께를 산정, 조건에 적응할 수 있는 포장을 의미한다.

해설 35 외부로부터 힘이 직접 물품에 가해지지 않도록 외부 압력을 완화시키는 포장방법은 완충포장이다.

해설 36 바닥에 물건 등이 놓여 있으면 즉시 치운다.

해설 37 운송물 1포장의 가액이 300만 원을 초과하는 경우 거절할 수 있다.

해설 38 차의 요동으로 안정이 파괴되기 쉬운 짐은 결박을 철저히 한다.

해설 39 사고의 책임 여하를 떠나 객관적으로 사고경위를 설명하여야 한다.

해설 40 사업자의 귀책사유로 약정된 인수일시로부터 2시간 이상 지연된 경우 계약해제 및 계약금 반환, 계약금 6배 액의 손해배상을 청구할 수 있다.

해설 41 앞지르기 금지장소라 하더라도 앞지르기를 시도하는 차량의 진로를 막아서는 안 되며, 해당 행위는 대단히 위험한 행위로 도로교통법에서 엄격히 금지하고 있다.

해설 42 클러치 스위치 점검은 덤프 작동 불량 시 점검방법이다.

해설 43 타이어 트레드 홈의 깊이는 최소 1.6mm 이상이어야 한다.

해설 44 인지, 판단, 조작 중 인지가 절반 이상으로 가장 많고, 이어서 판단, 조작 순으로 비중이 높다.

해설 45 교통사고의 3대 요인은 인적 요인, 차량 요인, 도로 환경 요인이다.

해설 46 사고위험이 가장 큰 횡단유형은 "무단횡단"이다.

해설 47 수리를 할 때에는 통풍이 양호한 장소에서 실시하여야 한다.

해설 48 단순한 운전피로는 휴식으로 회복되나 정신적·심리적 피로는 신체적 부담에 의한 일반적 피로보다 회복시간이 길다.

해설 49 엔진 과회전(Over Revolution) 현상이 발생하면 내리막길 주행 변속 시 엔진 소리와 함께 재시동이 불가능해진다. 이 현상이 발생하면 엔진 내부를 확인하거나, 로커암 캡을 열고 푸시로드 휨 상태, 밸브 스템 등 손상을 확인하여야 한다. 손상 상태가 심할 경우에는 실린더 블록까지 파손되므로 즉시 정비하여야 한다.

해설 50 트랙터 차량의 경우 트레일러 주차 브레이크는 일시적으로만 사용하고 트레일러 브레이크만을 사용하여 주차하지 않는다.

해설 51 일반적으로 차도와 길어깨를 구획하는 노면표시를 하면 교통사고는 감소한다.

해설 52 현가장치와 관련된 현상으로 진동과 노즈다운, 노즈업을 들 수 있다. 진동의 종류로 바운싱(상하진동), 피칭(앞뒤진동), 롤링(좌우진동), 요잉(차체 후부 진동)이 있다. 노킹은 현가장치와 관련 없는 현상이다.

해설 53 중앙분리대의 가장 큰 설치이유는 정면충돌사고를 물리적으로 차단하여 사고건수를 현저히 감소시키기 때문이다.

해설 54 운전자가 브레이크에 발을 올려 브레이크가 막 작동을 시작하는 순간부터 자동차가 완전히 정지할 때까지의 거리를 제동거리라 한다.

해설 55 차량이 튕겨나가지 않도록 하는 것이 중앙분리대로 설치된 방호울타리가 갖춰야 할 기본적인 기능이다.

해설 56 엔진오일 및 필터 상태 점검은 엔진 매연 과다발생 시 점검방법이다.

해설 57 운전자는 이입작업이 종료될 때까지 탱크로리차량의 긴급차단장치 부근에 위치하여야 한다.

해설 58
- 다른 차량이 끼어들 우려가 있는 경우에는 다른 차량과 거리를 두고 주행한다.
- 차량이 많을 때는 속도를 유지하면서 다른 차들과 적정 간격을 유지한다.
- 대형차를 뒤따를 때는 충분한 안전거리를 확보한다.

해설 59 주변의 경관이 거의 흐르는 선과 같이 되어 눈을 자극하게 되는 현상을 유체자극(流體刺戟)이라 한다.

해설 60 예측의 실수는 감정이 격앙된 경우, 고민거리가 있는 경우, 시간에 쫓기는 경우에 발생한다.

해설 61 내리막에서 사용해야 하는 브레이크는 엔진 브레이크이다.

해설 62 어린이는 사고방식이 매우 단순하다.

해설 63 우리나라 도로교통법은 붉은색, 녹색, 노란색을 구별할 수 있어야 면허를 부여한다.

해설 64 이면도로는 차량의 속도가 간선도로보다 느린 특성이 있다.

해설 65 속도가 빨라질수록 시력은 떨어지고, 시야의 범위가 좁아지며, 전방주시점은 멀어진다. 전방주시점이 멀어질수록 가까운 물체는 잘 보이지 않게 된다.

해설 66 고빈도 소량의 수송체계는 필연적으로 물류코스트(가격)의 상승을 가져온다.

해설 67 문제는 수·배송관리시스템에 대한 설명이다.

해설 68 관심을 가져주길 바라는 것은 고객의 기본적인 욕구이다. 그 외에도 고객은 편안해지고 싶고, 기대와 욕구를 수용해 주기를 바란다.

해설 69 공급망 관리가 표방하는 것은 종합물류이다.

해설 70 문제는 국민경제적 관점에서의 물류의 역할에 대한 설명이다.

해설 71 재고신뢰성이란 품절, 백오더, 주문충족률, 납품률 등을 통칭하는 말로 재고품으로 주문량을 공급할 수 있는 정도를 의미한다.

해설 72 화물자동차 운송의 가장 큰 특징은 기동성과 신속성이다.

해설 73 인사의 마음가짐은 정성과 감사의 마음으로, 예절바르고 정중하게, 밝고 상냥한 미소로, 경쾌하고 겸손한 인사말과 함께 하는 것이다. 미안한 마음으로 하는 것은 아니다.

해설 74 주파수 공용통신의 도입효과
- 메시지 전달, 화물추적기능으로 지연사유 분석이 가능해져 표준운행기록 가능
- 배차계획의 수립과 수정이 가능
- 차량 위치추적 가능으로 도착시간 예측, 고장차량의 재배치 및 분실화물 추적, 책임자 파악이 가능

해설 75 자회사를 통해 화물을 처리하는 물류는 제2자 물류이다.

해설 76 재창조 단계(Reinvention)란 공급망에 참여하고 있는 복수의 기업과 독립된 공급망 참여자들 사이에 협력을 넘어서 공급망의 계획과 동기화에 의해 가능한 것으로, 재창조는 참여자의 공급망을 통합하기 위해서 비즈니스 전략을 공급망 전략과 제휴하면서 전통적인 공급망 컨설팅 기술을 강화하는 것을 의미한다.

해설 77 도킹수송과 유사한 것으로 중간지점에서 운전자만 교체하는 수송방법을 이어타기 수송이라 한다.

해설 78 운행 전 운전자는 배차사항 및 지시, 전달사항을 확인하고 적재물의 특성을 확인하여 특별한 안전조치가 요구되는 화물에 대해서는 사전 안전장비를 장치하거나 휴대한 후 운행하여야 한다.

해설 79 물적 유통과정이란 생산된 재화가 최종 고객이나 소비자에게까지 전달되는 물류과정을 의미한다.

해설 80 서비스 품질의 분류는 상품품질, 영업품질, 서비스 품질로 구분된다.

2. 실전모의고사 2회 [해설과 정답]

[정답]

1	2	3	4	5	6	7	8	9	10
②	②	④	②	②	②	③	②	②	①
11	12	13	14	15	16	17	18	19	20
②	④	②	②	④	④	④	③	④	①
21	22	23	24	25	26	27	28	29	30
④	②	④	①	①	①	①	④	②	②
31	32	33	34	35	36	37	38	39	40
④	④	③	④	③	②	④	②	①	②
41	42	43	44	45	46	47	48	49	50
④	③	④	②	③	①	③	④	①	①
51	52	53	54	55	56	57	58	59	60
①	③	①	④	①	②	④	④	②	③
61	62	63	64	65	66	67	68	69	70
③	③	②	①	④	②	②	②	①	②
71	72	73	74	75	76	77	78	79	80
①	②	②	②	②	①	③	②	①	③

03 실전모의고사 3회

문제 01 편도 1차로인 고속도로에서 특수자동차의 최고속도와 최저 속도가 맞게 연결된 것은?

① 최고속도 : 80km/h, 최저속도 : 40km/h
② 최고속도 : 80km/h, 최저속도 : 50km/h
③ 최고속도 : 90km/h, 최저속도 : 40km/h
④ 최고속도 : 90km/h, 최저속도 : 50km/h

문제 02 고속도로의 갓길 통행 시 부과되는 벌점은?

① 15점 ② 30점
③ 40점 ④ 50점

문제 03 화물운송업과 관련된 업무 중 시·도에서 처리하는 업무가 아닌 것은?

① 운송사업자에 대한 개선명령
② 운전적성 정밀검사의 시행
③ 화물자동차 운송사업의 허가기준에 관한 사항의 신고
④ 화물운송종사자격의 취소 및 효력의 정지에 따른 청문

문제 04 시·도지사가 공회전 제한장치의 부착을 명령할 수 있는 대형 화물차량의 최대 적재량 기준은?

① 3톤 이하 ② 2톤 이하
③ 1.5톤 이하 ④ 1톤 이하

문제 05 자동차관리법령상 화물자동차의 유형별 분류 중 지붕구조의 덮개가 있는 화물운송용 화물자동차의 종류는?

① 일반형 ② 덤프형
③ 밴형 ④ 특수용도형

문제 06 제작연도에 등록된 자동차의 차령기산일로 맞는 것은?

① 최초의 신규등록일 ② 최초의 이전등록일
③ 최초의 변경등록일 ④ 최초의 제작연도 말일

문제 07 운전적성 정밀검사 중 특별검사는 과거 1년간 운전면허 행정처분기준에 따라 산출된 누산점수가 몇 점 이상인 사람이 받아야 하는가?

① 21점 ② 41점
③ 61점 ④ 81점

문제 08 도로법령에서 '도로관리청이 도로의 편리한 이용과 안전 및 원활한 도로교통의 확보, 그 밖에 도로의 관리를 위하여 실시하는 시설 또는 공작물'을 무엇이라 하는가?

① 고속국도 ② 일반국도
③ 지방도 ④ 도로의 부속물

문제 09 자동차등록증 상에 기재된 자동차 정기검사 유효기간 만료일로부터 30일이 경과한 후 검사를 받아 합격한 경우 과태료는 얼마인가?

① 2만 원 ② 3만 원
③ 4만 원 ④ 5만 원

문제 10 화물운송종사자격시험에 합격한 사람이 받아야 하는 법정교육시간은?
① 4시간　　　② 8시간　　　③ 12시간　　　④ 16시간

문제 11 도로교통법에서 '차마가 한 줄로 도로의 정하여진 부분을 통행하도록 차선으로 구분한 차도의 부분'을 무엇이라 하는가?
① 차로　　　② 도로　　　③ 교차로　　　④ 차마

문제 12 특정범죄가중처벌 등에 관한 법률에 의하여 도주사고에 해당되는 것은?
① 부상피해자에 대한 적극적인 구호조치 없이 가버린 경우
② 경찰관이 환자를 후송하는 것을 보고 연락처를 주고 가버린 경우
③ 교통사고 가해운전자가 심한 부상을 입어 타인에게 의뢰하여 피해자를 후송 조치한 경우
④ 교통사고 장소가 혼잡하여 도저히 정지할 수 없어 일부 진행한 후 정지하고 되돌아와 조치한 경우

문제 13 교통사고처리특례법에 따라 피해자의 명시적인 의사에 반하여 공소를 제기할 수 없는 경우는?
① 어린이보호구역에서 어린이 2명이 중상을 입었고, 자동차 종합보험에 가입된 상태였다.
② 물적 피해 사고가 발생하여 피해자와 합의를 하였다.
③ 중앙선 침범으로 경상 3명이 발생한 사고로 피해자와 합의를 하였다.
④ 보도횡단방법 위반사고로 인명사고를 발생시켰다.

문제 14 도로구조의 보전과 통행의 안전에 지장이 없다고 인정하여 고시한 도로노선의 경우 화물자동차의 적재용량 높이는 지상으로부터 약 몇 m인가?
① 4.1m　　　② 4.2m　　　③ 4.3m　　　④ 4.4m

문제 15 국토교통부장관이 자동차 전용도로를 지정하고자 할 경우에는 누구의 의견을 들어야 하는가?

① 행정안전부차관
② 경찰청장
③ 관할지방검찰청장
④ 관할경찰서장

문제 16 제1종 대형 운전면허 소지자만 운전할 수 있는 자동차는?

① 총 중량 10톤 미만의 특수자동차(트레일러 및 레커 제외)
② 승차정원 15인 이하의 승합자동차
③ 적재물량 12톤 미만의 화물자동차
④ 건설기계인 덤프트럭

문제 17 대기환경보전법령에 따른 "대기 중에 떠다니거나 흩날려 내려오는 입자상 물질"을 무엇이라 하는가?

① 가스
② 먼지
③ 검댕
④ 매연

문제 18 차마가 다른 교통 또는 안전표지에 주의하면서 진행할 수 없는 교통신호는?

① 차량신호등 – 황색등화의 점멸
② 차량신호등 – 적색등화의 점멸
③ 보행자신호등 – 녹색등화의 점멸
④ 보행자신호등 – 황색등화의 점멸

문제 19 화물자동차 운수사업법상 국토교통부장관의 허가를 얻어 운수사업자의 자동차사고로 인한 손해배상 책임의 보장사업을 할 수 있는 자는?

① 특별시장, 광역시장
② 운수사업자가 설립한 협회 및 연합회
③ 한국도로공사
④ 도로교통공단

문제 20 화물자동차 운송사업자에게 부과되는 과징금액 용도가 아닌 것은?
① 협회 및 연합회의 운영자금 지원
② 신고포상금의 지급
③ 공동차고지의 건설 및 확충
④ 화물터미널의 건설 및 확충

문제 21 자동차 사용자가 국토교통부령으로 정하는 항목에 대하여 튜닝을 하려는 경우, 어느 기관의 승인을 얻어야 하는가?
① 국민안전처
② 관할경찰서
③ 화물자동차운송사업협회
④ 한국교통안전공단

문제 22 서행하여야 하는 장소로 올바르지 않은 것은?
① 가파른 비탈길의 내리막
② 지방경찰청장이 안전표지로 지정한 곳
③ 도로가 구부러진 부근
④ 교통정리가 행해지고 있는 교차로

문제 23 화물자동차 운송가맹점이란 화물자동차 운송가맹사업자의 운송가맹점으로 가입하여 무엇을 부여받은 자를 말하는가?
① 도로통행권
② 영업허가권
③ 영업표지의 사용권
④ 화물운송의 수송권

문제 24 자동차등록원부에 등록하지 않은 상태에서 자동차를 운행할 수 있는 경우는?
① 관계기관에 신고한 경우
② 법적 승인을 마친 경우
③ 자동차검사에 합격한 경우
④ 임시운행허가를 얻어 허가기간 내에 운행하는 경우

문제 25 운송주선사업자가 적재물배상보험 등에 가입하고자 할 때 가입 단위는?

① 각 사업자별로   ② 각 화물자동차별로
③ 각 사업장별로   ④ 각 지역별로

문제 26 독극물 취급 시 주의사항으로 적절하지 않은 것은?

① 독극물의 적재 및 적하작업 전에는 주차 브레이크를 사용하여 차량이 움직이지 않도록 할 것
② 독극물 저장소, 드럼통 등은 내용물을 알 수 없도록 포장할 것
③ 취급 불명의 독극물을 함부로 취급하지 말 것
④ 독극물이 들어 있는 용기는 마개를 단단히 닫고 빈 용기와 확실하게 구별하여 넣을 것

문제 27 세미 트레일러(Semi trailer)의 특징으로 잘못 설명된 것은?

① 기둥, 통나무 등 장척의 적하물 자체가 트랙터와 트레일러의 연결부분을 구성하는 구조의 트레일러이다.
② 가동 중인 트레일러 중에서는 가장 많고 일반적인 트레일러이다.
③ 발착지에서의 트레일러 탈착이 용이하고 공간을 적게 차지해서 후진하는 운전을 하기가 쉽다.
④ 세미 트레일러용 트랙터에 연결하여, 총 하중의 일부분이 견인하는 자동차에 의해서 지탱되도록 설계된 트레일러이다.

문제 28 운송장에 기록되어야 할 사항이 아닌 것은?

① 화물명과 수량
② 운전자의 전자우편주소
③ 수하인의 주소, 성명 및 전화번호
④ 운송장 번호와 바코드

문제 29 화물의 하역방법으로 적합하지 않은 것은?

① 높은 곳에 무거운 물건을 적재할 때는 안전모를 착용한다.
② 물건 적재 시 주위에 넘어질 것을 대비하여 위험한 요인을 제거한다.
③ 물품을 적재할 때는 구르거나 무너지지 않도록 받침대나 로프로 묶어야 한다.
④ 별도로 안전통로를 확보할 필요는 없다.

문제 30 택배 표준약관상 운송물의 인도일에 관한 설명 중 틀린 것은?

① 운송장에 인도예정일의 기재가 있는 경우에는 그 기재된 날
② 일반지역은 2일
③ 도서, 산간벽지는 5일
④ 특정 일시에 사용할 운송물을 수탁한 경우에는 운송장에 기재된 인도예정일의 특정 시간까지 운송물을 인도한다.

문제 31 집하담당자의 운송장 기재사항이 아닌 것은?

① 접수일자, 발송점, 도착점, 배달 예정일
② 운송료
③ 집하자 성명 및 전화번호
④ 물품의 수량, 물품가격

문제 32 화물에 운송장을 부착하는 방법으로 부적절한 것은?

① 박스 물품이 아닌 쌀, 매트, 카펫 등은 물품의 모서리에 부착한다.
② 운송장 부착은 원칙적으로 접수장소에서 매 건마다 화물에 부착한다.
③ 박스 후면 또는 측면 부착으로 혼동을 주어서는 안 된다.
④ 운송장이 떨어질 우려가 큰 물품은 송하인의 동의를 얻어 포장재에 수하인 주소 혹은 전화번호 등의 필요한 사항을 기재한다.

문제 33 전용 특장차에 속하지 않는 것은?
① 측방 개폐차
② 덤프트럭
③ 액체 수송차량
④ 냉동차

문제 34 화물의 포장과 포장 사이에 미끄럼이 발생하지 않도록 조치하여 팔레트 화물의 붕괴를 방지하는 방식은?
① 슬립멈추기 시트삽입방식
② 밴드걸기방식
③ 풀붙이기 접착방식
④ 주연어프 방식

문제 35 차량 내 화물 적재방법으로 맞지 않는 것은?
① 정차 시 넘어지지 않도록 질서있게 정리하여 적재한다.
② 차의 요동으로 안정이 파괴되기 쉬운 짐은 결박하지 않는다.
③ 긴 물건을 적재함 때는 적재함 밖으로 나온 부위에 위험표시를 하여 둔다.
④ 둥글고 구르기 쉬운 물건은 상자에 넣어 적재한다.

문제 36 다음 중 화물의 인수요령에 대한 설명으로 틀린 것은?
① 두 개 이상의 화물을 하나의 화물로 밴딩처리한 경우 반드시 고객에게 파손가능성을 설명하고 각각 운송장 및 보조송장을 부착하여 집하한다.
② 신용업체의 대량화물을 집하할 때 수량 착오가 발생하지 않도록 일부를 선별하여 박스 수량과 운송장에 표기된 수량을 확인한다.
③ 화물은 취급가능 화물규격 및 중량, 취급 불가 화물품목을 확인하고, 화물의 안전수송과 타 화물의 보호를 위하여 포장상태 및 화물의 상태를 확인한 후 접수 여부를 결정한다.
④ 운송인의 책임은 물품을 인수하고 운송장을 교부한 시점부터 발생한다.

문제 37   부패 또는 변질되기 쉬운 물품의 적절한 포장방법은?
① 아이스박스 포장
② 종이박스 포장
③ 플라스틱 비닐 포장
④ 삼중 포장

문제 38   컨베이어를 사용한 화물 이동 시 주의사항으로 맞는 것은?
① 상차용 컨베이어를 이용하여 타이어 등을 상차할 때는 타이어 등이 떨어지는 것을 확인한 후 작업위치를 이동해도 무관하다.
② 작업 시에 컨베이어 운전자는 상호 간 신호를 해서는 안 된다.
③ 컨베이어 주변의 장애물을 치우는 것은 컨베이어 작동 시에만 하여야 한다.
④ 컨베이어 위로는 절대 올라가서는 안 된다.

문제 39   화물을 인계할 때 인수자 확인은 반드시 인수자가 직접 서명하도록 하는 것은 어떤 화물사고의 방지대책인가?
① 분실사고
② 지연배달사고
③ 내용물 부족사고
④ 파손사고

문제 40   이사화물 표준약관상 이사화물의 일부 멸실 또는 훼손에 대한 사업자의 손해배상 책임은 고객이 이사화물을 인도받은 날로부터 며칠 이내에 그 사실을 사업자에게 통지하지 아니하면 소멸되는가?
① 7일
② 14일
③ 28일
④ 30일

문제 41   자동차의 정지거리는?
① 공주거리 + 제동거리
② 공주거리 - 제동거리
③ 제동거리 × 공주거리
④ 공주거리 ÷ 감속거리

문제 42 운전피로에 대한 설명으로 틀린 것은?

① 예정 시간상 또는 거리상으로 적정하게 운전을 하면 만성피로를 초래한다.
② 피로의 정도가 지나치면 과로가 되고 정상적인 운전이 곤란해진다.
③ 연속운전은 일시적으로 급성피로를 낳게 한다.
④ 피로 또는 과로 상태에서는 졸음운전이 발생할 수 있고 이는 교통사고로 이어질 수 있다.

문제 43 일반적으로 갓길(길어깨)이 넓으면 안전성이 높아지는 이유와 가장 거리가 먼 것은?

① 차량의 이동공간이 넓기 때문이다.
② 시계가 넓기 때문이다.
③ 교통지도를 할 수 있는 공간이 넓기 때문이다.
④ 고장차량을 주행차로 밖으로 이동할 수 있기 때문이다.

문제 44 내륜차 및 외륜차가 가장 큰 자동차는?

① 경차
② 소형차
③ 중형차
④ 대형차

문제 45 혹한기 주행 중 엔진 시동꺼짐현상에 대한 조치방법이 아닌 것은?

① 인젝션 펌프 에어빼기 작업
② 워터 세퍼레이트 수분 제거
③ 연료 탱크 내 수분 제거
④ 엔진오일 및 필터 상태 점검

문제 46 서로 반대방향으로 주행 중인 자동차 간의 정면충돌사고를 예방하기 위한 방법으로 가장 효과적인 것은?

① 길어깨 확장
② 중앙분리대 설치
③ 감속표지판 설치
④ 차로폭 확장

문제 47 교통사고가 잦은 교차로에서 교통흐름을 공간적으로 분리하여 교통사고 예방효과를 얻을 수 있는 방법은?

① 입체교차로 개선
② 교통신호 주기의 개선
③ 평면교차로 포장 개선
④ 교차로 속도규제 강화 및 카메라 설치

문제 48 엔진 시동꺼짐현상에 대한 점검방법이 아닌 것은?

① 연료파이프 누유 및 공기유입 확인
② 엔진오일 및 필터 상태 점검
③ 연료 탱크 내 이물질 혼입 여부 확인
④ 워터 세퍼레이터 공기유입 확인

문제 49 위험물을 이입작업할 때 취해야 할 조치사항 중 옳지 않은 것은?

① 정전기 제거용 접지코드를 기지(基地)의 접지텍에 접촉한다.
② 부근에 화기가 없는가를 확인한다.
③ 차량이 앞뒤로 움직일 수 있도록 사이드 브레이크를 푼다.
④ 만일의 화재에 대비하여 소화기를 즉시 사용할 수 있도록 준비한다.

문제 50 자동차에 사용하는 현가장치 유형이 아닌 것은?

① 판 스프링(Leaf Spring)
② 코일 스프링(Coil Spring)
③ 공기 스프링(Air Spring)
④ 휠 실린더(Wheel Cylinder)

문제 51 다른 차가 자신의 차를 앞지르기할 때의 안전운전 요령이 아닌 것은?

① 자신의 차량 속도를 앞지르기를 시도하는 차량의 속도 이하로 적절히 감속한다.
② 주행하던 차로를 그대로 유지한다.
③ 다른 차가 안전하게 앞지르기할 수 있도록 배려한다.
④ 앞지르기 금지장소에서는 앞지르기하는 차의 진로를 막아 위험을 방지한다.

문제 52 측대에 대한 설명으로 올바른 것은?

① 도로를 보호하고 비상시에 이용하기 위하여 차도에 접속하여 설치하는 도로의 부분
② 차도를 통행의 방향에 따라 분리하고 옆부분의 여유를 확보하기 위하여 도로의 중앙에 설치하는 분리대와 측대
③ 차도를 통행의 방향에 따라 분리하거나 성질이 다른 같은 방향의 교통을 분리하기 위하여 설치하는 도로의 부분이나 시설물
④ 운전자의 시선을 유도하고 옆부분의 여유를 확보하기 위하여 중앙분리대 또는 길어깨에 차도와 동일한 횡단경사와 구조로 차도에 접속하여 설치하는 부분

문제 53 여름철 무더운 날씨에는 엔진이 쉽게 과열된다. 이러한 현상이 발생되지 않도록 점검해야 할 사항으로 가장 관련이 없는 것은?

① 냉각수의 양
② 타이어의 공기압
③ 냉각수 누수 여부
④ 팬벨트의 여유분 휴대 여부

문제 54 방어운전을 위하여 운전자가 갖추어야 할 기본사항이 아닌 것은?

① 능숙한 운전기술
② 자기중심적 운전태도
③ 정확한 운전지식
④ 세심한 관찰력

문제 55 타이어의 공기압 점검은 자동차의 일상점검장치 중 어디에 해당하는가?

① 제동장치
② 조향장치
③ 완충장치
④ 주행장치

문제 56 일광 또는 조명이 어두운 조건에서 밝은 조건으로 변할 때 사람의 눈이 그 상황에 적응하여 시력을 회복하는 것을 무엇이라고 하는가?
① 암순응
② 주변시
③ 현혹
④ 명순응

문제 57 고속도로에서 고속주행 시 주변의 경관이 흐르는 선처럼 보이는 현상은?
① 페이드 현상
② 유체자극 현상
③ 수막현상
④ 모닝 록 현상

문제 58 교통사고의 3대 요인에 해당하지 않는 것은?
① 인적 요인
② 차량 요인
③ 법률적 요인
④ 도로 환경 요인

문제 59 보행 중 교통사고 사망자 구성비가 가장 높은 국가는?
① 프랑스
② 미국
③ 일본
④ 대한민국

문제 60 정지시력을 식별하기 위한 란돌트 고리시표의 색상은?
① 흰 바탕에 회색
② 흰 바탕에 검정
③ 검정 바탕에 흰색
④ 빨강 바탕에 초록

문제 61 인간의 운전특성 중 틀린 것은?
① 운전특성은 일정하지 않고 사람 간에 차이(개인차)가 있다.
② 신체적·생리적 및 심리적 상태가 항상 일정한 것은 아니다.
③ 인간의 운전행위도 공산품의 공정처럼 일정하게 유지시킬 수 있다.
④ 인간의 특성은 운전뿐만 아니라 인간행위, 삶 자체에도 큰 영향을 미친다.

문제 62 어린이의 교통행동 특성이 아닌 것은?

① 교통상황에 대한 주의력이 부족하다.
② 판단력이 부족하고 모방행동이 많다.
③ 사고방식이 복잡하다.
④ 추상적인 말은 잘 이해하지 못하는 경우가 많다.

문제 63 교통사고의 심리적 요인 중 속도의 착각에 대한 설명으로 맞는 것은?

① 주시점이 가까운 좁은 시야에서는 느리게 느껴진다.
② 상대 가속도감은 동일 방향으로 느낀다.
③ 주시점이 먼 곳에 있을 때는 빠르게 느껴진다.
④ 주시점이 가까운 좁은 시야에서는 빠르게 느껴진다.

문제 64 엔진 매연 과다 발생현상에 대한 점검사항이 아닌 것은?

① 연료파이프 누유 및 공기유입 확인
② 엔진오일 및 필터 상태 점검
③ 에어클리너 오염상태 및 덕트 내부상태 확인
④ 연료의 질 분석 및 흡·배기 밸브 간극 점검

문제 65 차량에 고정된 탱크를 안전하게 운행하기 위한 운행 전 점검사항으로 거리가 먼 것은?

① 밸브류가 확실히 닫혀 있는지 확인한다.
② 호스 접속구의 캡이 부착되어 있는지 확인한다.
③ 동력전달장치 접속부의 이완 여부를 확인한다.
④ 위험물취급교육이수증 소지 여부를 확인한다.

문제 66 물품을 하역하는 작업에서 주로 사용되는 장비가 아닌 것은?

① 크레인　　　　　　　　② 레커
③ 지게차　　　　　　　　④ 컨베이어

문제 67 수배송활동 3가지 단계의 물류정보처리기능에 해당하지 않는 것은?

① 판매
② 계획
③ 실시
④ 통제

문제 68 GPS의 활용범위에 대한 설명으로 거리가 먼 것은?

① 각종 자연재해로부터 사전대비를 통한 재해 회피
② 토지조성공사 시 작업자가 리얼타임으로 신속대응
③ 대도시 교통혼잡 시 도로사정 파악
④ 수송차의 추적시스템의 통제가 어려움

문제 69 담배꽁초의 처리방법으로 가장 적절한 것은?

① 꽁초를 손가락으로 튕겨 버린다.
② 꽁초를 바닥에다 발로 밟아버린다.
③ 차창 밖으로 버리지 않는다.
④ 화장실 변기에 버린다.

문제 70 제3자 물류의 발전동향에 대한 설명으로 틀린 것은?

① 수요자 측면에서는 물류전문업체와의 전략적 제휴, 협력을 통해 물류효율화를 추진하고자 하는 화주기업이 줄어들고 있다.
② 공급자 측면에서는 신규 물류업체와 외국 물류기업의 시장 참여가 늘어남에 따라 물류시장의 경쟁구조가 한층 더 심화되고 있다.
③ 각종 행정규제가 크게 완화됨에 따라 특정 물류업종 안에서의 물류업체 간 경쟁이 심화되고 있다.
④ 기능이 유사한 물류업종 간의 경쟁이 더 치열해지고 있다.

문제 71 제4자 물류는 제3자 물류 기능에 어떤 업무를 추가 수행하는가?

① 생산업무
② 컨설팅 업무
③ 판매 업무
④ 지원 업무

문제 72 고객의 욕구라고 할 수 없는 내용은?
① 기억되기를 바란다.
② 관심을 가지는 것을 싫어한다.
③ 환영받고 싶어한다.
④ 중요한 사람으로 인식되기를 바란다.

문제 73 물류의 발전방향과 거리가 먼 것은?
① 비용절감
② 요구되는 수준의 서비스 제공
③ 기업의 성장을 위한 물류전략의 계발
④ 물류의 재고량 증가

문제 74 고객서비스전략 수립 시 물류서비스의 내용으로 맞지 않는 것은?
① 수주부터 도착까지의 리드타임 단축
② 대량 출하체제
③ 긴급출하 대응 실시
④ 재고의 감소

문제 75 대화를 나눌 때 올바른 언어예절이라 할 수 있는 것은?
① 엉뚱한 곳을 보고 이야기한다.
② 상대방 약점을 가끔 지적하면서 이야기한다.
③ 일부분을 듣고 전체를 속단하여 말하지 않는다.
④ 매사 쉽게 흥분한다.

문제 76 도킹수송과 유사한 방법으로 중간지점에서 운전자만 교체하는 수송방법을 무엇이라 하는가?
① 고효율화 수송
② 왕복실차율 상승법
③ 이어타기 수송
④ 바꿔태우기 수송

문제 77 물품의 운송·보관 등에 있어서 물품의 가치와 상태를 보호하는 것을 나타내는 용어는?
① 포장
② 하역
③ 정보
④ 보관

문제 78 운행 전 주의사항에 해당하는 것은?
① 후진 시에는 유도요원을 배치하여 신호에 따라 안전하게 후진한다.
② 배차사항 및 지시, 전달사항을 확인한다.
③ 내리막길에서는 풋 브레이크의 장시간 사용을 삼가고, 엔진 브레이크 등을 적절히 사용하여 안전운행 한다.
④ 후속차량이 추월하고자 할 때는 감속 등으로 양보운전하여야 한다.

문제 79 생산된 재화가 최종 고객이나 소비자에게까지 전달되는 물류과정은?
① 물적 유통과정
② 물적 공급과정
③ 물적 생산과정
④ 물적 소비과정

문제 80 고객만족을 위한 서비스 품질의 분류에 속하는 것은?
① 경험품질
② 소비품질
③ 영업품질
④ 신뢰품질

03 실전모의고사 3회 [해설과 정답]

해설 01 편도 1차로 고속도로인 경우에는 모든 차량이 최고 80km/h, 최저 50km/h의 속도로 운행하여야 한다.

해설 02 고속도로·자동차전용도로 갓길 통행 시에는 30점의 벌점이 부과된다.

해설 03 운전적성 정밀검사는 한국교통안전공단에서 처리하는 업무이다.

해설 04 시·도지사는 화물자동차 운송사업에 사용되는 최대적재량 1톤 이하인 밴형 화물자동차로서 택배용으로 사용되는 자동차에 대하여 시·도 조례에 따라 공회전 제한장치의 부착을 명령할 수 있다.

해설 05 지붕구조의 덮개가 있는 화물운송용인 화물자동차를 밴형 화물자동차라 한다.
일반형은 보통의 화물운송용, 덤프형은 적재함을 원동기의 힘으로 기울여 적재물을 중력에 의하여 쉽게 미끄러뜨리는 구조의 화물운송용, 특수용도형은 특정한 용도를 위하여 특수한 구조로 하거나, 기구를 장치한 것으로서 기타 어느 형에도 속하지 아니하는 화물운송용이다.(예 : 청소차, 살수차, 소방차, 냉장·냉동차, 곡물·사료운반차 등)

해설 06 제작연도에 등록된 자동차는 최초의 신규등록일을 차령기산일로 한다.

해설 07 특별검사는 교통사고를 일으켜 사람을 사망하게 하거나 5주 이상의 치료가 필요한 상해를 입힌 사람, 혹은 과거 1년간「도로교통법 시행규칙」에 따른 운전면허 행정처분기준에 따라 산출된 누산점수가 81점 이상인 사람이 받아야 한다.

해설 08 문제는 도로의 부속물에 대한 정의이다.

해설 09 정기검사나 종합검사를 받지 아니한 경우 검사를 받아야 할 기간만료일로부터 30일 이내인 때에는 과태료 2만 원, 검사를 받아야 할 기간만료일로부터 30일을 초과한 경우에는 3일 초과 시마다 과태료 1만 원이 부과되며, 과태료 최고 한도액은 30만 원이다.

해설 10 자격시험에 합격한 사람은 8시간 동안 법, 안전, 화물취급요령, 응급처치, 운송서비스에 관한 사항을 교육받아야 한다.

해설 11 차로란 차마가 한 줄로 도로의 정하여진 부분을 통행하도록 차선으로 구분한 차도의 부분을 말한다.

해설 12 부상피해자에 대한 적극적인 구호조치 없이 가버린 경우 도주사고로 적용된다.

해설 13 12대 중과실은 피해자의 명시적 의사에 반하여 공소를 제기할 수 없다는 반의사불벌죄의 예외에 해당한다. 신호위반, 중앙선 침범, 철길건널목 통과방법 위반은 12대 중과실에 해당한다.

해설 14 도로관리청이 운행을 제한할 수 있는 차량은 높이가 4미터를 초과하는 차량이지만, 도로구조의 보전과 통행의 안전에 지장이 없다고 인정하여 고시한 도로노선의 경우에는 4.2미터까지 가능하다.

해설 15 자동차 전용도로를 지정할 때에는 도로관리청이 국토교통부장관이면 경찰청장, 특별시장·광역시장·도지사 또는 특별자치도지사이면 관할지방경찰청장, 특별자치시장·시장·군수 또는 구청장이면 관할경찰서장의 의견을 각각 들어야 한다.

해설 16 1종 대형면허 소지자만 운전할 수 있는 차는 덤프트럭이다.

해설 17 먼지란 대기 중에 떠다니거나 흩날려 내려오는 입자상 물질을 말한다.

해설 18 보행자신호등은 황색등화가 없다.

해설 19 운수사업자가 설립한 협회 및 연합회는 국토교통부장관의 허가를 받아 운수사업자의 자동차사고로 인한 손해배상 책임의 보장사업을 할 수 있다.

해설 20 과징금은 협회 및 연합회의 운영자금으로 사용될 수 없다.

해설 21 국토교통부령으로 정하는 항목을 튜닝하려면 시장, 군수, 구청장의 위임을 받은 한국교통안전공단의 승인을 얻어야 한다.

해설 22 교통정리가 행해지고 있는 교차로는 서행하여야 하는 장소가 아니다.

해설 23 화물자동차 운송가맹점이란 화물자동차 운송가맹사업자의 운송가맹점으로 가입하여 그 영업표지의 사용권을 부여받은 자를 말한다.

해설 24 임시운행허가를 얻어 허가기간 내에 운행하는 경우에는 자동차등록원부에 등록하지 않은 상태에서 자동차를 운행할 수 있다.

해설 25 운송주선사업자의 경우는 각 사업자별로 가입한다.

해설 26 독극물 저장소, 드럼통, 용기, 배관 등은 내용물을 알 수 있도록 확실하게 표시하여 놓아야 한다.

해설 27 기둥, 통나무 등 장척의 적하물 자체가 트랙터와 트레일러의 연결부분을 구성하는 구조의 트레일러는 폴 트레일러(Pole trailer)이다.

해설 28 운송장에 운전자의 전자우편주소(이메일 주소)는 기록하지 않아도 된다.

해설 29 화물 적재 시에는 반드시 별도의 안전통로를 확보한 후 적재하여야 한다.

해설 30 도서, 산간벽지는 3일이다.

해설 31 물품의 수량과 가격은 집하 담당자의 기재사항이 아니다.

해설 32 박스 물품이 아닌 쌀, 매트, 카펫 등에 운송장을 부착할 때에는 물품의 정중앙에 운송장을 부착한다.

해설 33 측방 개폐차는 합리화 특장차에 해당한다.

해설 34 화물의 포장과 포장 사이에 미끄럼을 멈추는 시트를 넣음으로써 안전을 도모하는 방식은 슬립멈추기 시트삽입방식이다.

해설 35 차의 요동으로 안정이 파괴되기 쉬운 짐은 결박을 철저히 한다.

해설 36 신용업체의 대량화물을 집하할 때 수량 착오가 발생하지 않도록 하려면 일부를 선별하여 수량을 확인해서는 안 되고 반드시 모든 박스의 수량과 운송장에 기재된 수량을 확인하여야 한다.

해설 37 부패 또는 변질되기 쉬운 물품의 경우 아이스박스를 사용한다.

해설 38 컨베이어 위로는 절대 올라가서는 안 된다.

해설 39 인계할 때 인수자 확인은 반드시 인수자가 직접 서명하도록 하는 이유는 분실사고를 방지하기 위해서이다.

해설 40 인도받은 날로부터 30일 내에 통지하지 아니하면 소멸된다.

해설 41 정지거리 = 공주거리 + 제동거리

해설 42 예정시간상 또는 거리상 적정하게 운전하면 만성피로를 방지할 수 있다.

해설 43 교통지도와 안전성은 관련이 없다.

해설 44 내륜차와 외륜차가 클수록 대형차이다.

해설 45 혹한기 주행 중 시동이 꺼졌을 때는 인젝션 펌프 에어를 빼거나, 워터 세퍼레이트의 수분을 제거하거나, 연료 탱크 내 수분을 제거하는 조치를 취한다. 엔진오일 및 필터 상태 점검은 엔진 매연 과다 발생 시 점검방법이다.

해설 46 정면충돌사고를 예방하기 위한 방법으로 가장 효과적인 방법은 중앙분리대를 설치하는 것이다.

해설 47 교통흐름을 공간적으로 분리하는 방법은 입체교차로 설치이다.

해설 48 엔진오일 및 필터 상태 점검은 엔진 매연 과다 발생 시 점검방법이다.

해설 49 이입작업 시에는 차량이 앞뒤로 움직이지 않도록 차바퀴의 전후를 차바퀴 고정목 등으로 확실하게 고정시켜야 한다.

해설 50 현가장치에는 판 스프링, 코일 스프링, 비틀림 막대 스프링, 공기 스프링, 충격흡수장치 등이 있다.

해설 51 앞지르기 금지장소라 하더라도 앞지르기를 시도하는 차량의 진로를 막아서는 안 된다. 해당 행위는 대단히 위험한 것으로 도로교통법에서 엄격히 금지하고 있다.

해설 52 측대라 함은 운전자의 시선을 유도하고 옆부분의 여유를 확보하기 위하여 중앙분리대 또는 길어깨에 차도와 동일한 횡단경사와 구조로 차도에 접속하여 설치하는 부분을 말한다.
• 길어깨 : 도로를 보호하고 비상시에 이용하기 위하여 차도에 접속하여 설치하는 도로의 부분
• 중앙분리대 : 차도를 통행의 방향에 따라 분리하고 옆부분의 여유를 확보하기 위하여 도로의 중앙에 설치하는 분리대와 측대
• 분리대 : 차도를 통행의 방향에 따라 분리하거나 성질이 다른 같은 방향의 교통을 분리하기 위하여 설치하는 도로의 부분이나 시설물

해설 53 타이어의 공기압은 엔진 과열과는 관련이 없다.

해설 54 방어운전을 위해 능숙한 운전기술, 정확한 운전지식, 세심한 관찰력, 예측능력과 판단력, 양보와 배려의 실천, 교통상황 정보수집, 반성의 자세, 무리한 운행 배제 등이 필요하다.

해설 55 주행장치 점검 시에는 휠너트의 느슨함, 타이어의 이상마모와 손상, 공기압을 점검한다.

해설 56 어두운 곳에서 밝은 조건으로 변할 때 적응하는 것은 명순응이다.

해설 57 주변의 경관이 거의 흐르는 선과 같이 되어 눈을 자극하게 되는 현상을 유체자극(流體刺戟)이라 한다.

해설 58 교통사고의 3대 요인은 인적 요인, 도로 환경 요인, 차량 요인이다.

해설 59 보행 중 교통사고 사망자 구성비는 대한민국 39.1%, 일본 36.1%, 미국 13.7%, 프랑스 13.1%이다.

3. 실전모의고사 3회 [해설과 정답]

해설 60 란돌트 고리시표는 흰 바탕에 검정으로 그려져 있다.

해설 61 인간의 운전행위는 공산품의 공정처럼 일정하게 유지시킬 수 없다.

해설 62 어린이는 사고방식이 매우 단순하다.

해설 63 주시점이 가까운 좁은 시야에서는 빠르게 느껴진다.

해설 64 연료파이프 누유 및 공기유입 확인은 엔진 시동 꺼짐 현상에 대한 점검사항이다.

해설 65 위험물취급교육이수증은 점검사항이 아니다.

해설 66 하역작업의 대표적인 방식은 컨테이너(Container)화와 팔레트(Pallet)화이며, 컨테이너 화물과 팔레트 화물은 기계를 사용하여 하역하는데 크레인, 지게차, 컨베이어 등이 이용된다.

해설 67 수배송활동 3단계는 계획 - 실시 - 통제이다.

해설 68 24시간 운송차량 추적시스템을 GPS로 완벽하게 관리 및 통제할 수 있다.

해설 69 담배꽁초는 반드시 재떨이에 버린다. 차창 밖으로 버리거나 화장실 변기에 버리거나 바닥에 버린 후 발로 밟거나 손가락으로 튕겨서는 안 된다.

해설 70 수요자 측면에서는 물류전문업체와의 전략적 제휴, 협력을 통해 물류효율화를 추진하고자 하는 화주기업이 점차 증가하고 있다.

해설 71 제4자 물류는 제3자 물류 기능에 컨설팅 업무를 추가한 것이다.

해설 72 관심을 가져주길 바라는 것은 고객의 기본적인 욕구이다.
그 외에도 고객은 편안해지고 싶고, 기대와 욕구를 수용하여 주기를 바란다.

해설 73 물류의 발전방향은 비용절감, 요구되는 수준의 서비스 제공, 기업의 성장을 위한 물류전략의 개발 등이다. 재고량은 감소시키는 방향으로 발전한다.

해설 74 ※ 최근 성공하는 물류기업은 서비스 수준의 향상과 재고 축소에 주안점을 두고 있다.
※ 서비스 수준의 향상 목표는 아래와 같다.
- 수주부터 도착까지의 리드타임 단축
- 소량출하체제
- 긴급출하 대응 실시
- 수주마감시간 연장

해설 75 전체를 다 듣고 공정하고 객관적으로 판단한 후 말하여야 한다.

해설 76 이어타기 수송이란 도킹수송과 유사한 것으로 중간지점에서 운전자만 교체하는 수송방법을 말한다.

해설 77 포장의 정의에 대한 문제이다.

해설 78 운행 전 운전자는 배차사항 및 지시, 전달사항을 확인하고 적재물의 특성을 확인하여 특별한 안전조치가 요구되는 화물에 대해서는 사전 안전장비를 장치하거나 휴대한 후 운행하여야 한다.

해설 79 물적 유통과정이란 생산된 재화가 최종 고객이나 소비자에게까지 전달되는 물류과정을 의미한다.

해설 80 서비스 품질의 분류는 상품품질, 영업품질, 서비스 품질로 구분된다.

[정답]

1	2	3	4	5	6	7	8	9	10
②	②	②	④	③	①	④	④	①	②
11	12	13	14	15	16	17	18	19	20
①	①	②	②	②	④	②	④	②	①
21	22	23	24	25	26	27	28	29	30
④	④	③	④	①	②	①	②	④	③
31	32	33	34	35	36	37	38	39	40
④	①	①	①	②	②	①	④	①	④
41	42	43	44	45	46	47	48	49	50
①	①	③	④	④	②	①	②	③	④
51	52	53	54	55	56	57	58	59	60
④	④	②	②	④	④	②	③	④	②
61	62	63	64	65	66	67	68	69	70
③	③	④	①	④	②	①	④	③	①
71	72	73	74	75	76	77	78	79	80
②	②	④	②	③	③	①	②	①	③

04 실전모의고사 4회

문제 01 서행하여야 하는 장소로 올바르지 않은 것은?
① 가파른 비탈길의 내리막
② 지방경찰청장이 안전표지로 지정한 곳
③ 도로가 구부러진 부근
④ 교통정리가 행해지고 있는 교차로

문제 02 안전거리 확보 등 통행방법으로 올바르지 않은 것은?
① 모든 차의 운전자는 앞차와의 충돌을 피할 수 있는 거리를 확보하여야 한다.
② 자전거 옆을 지날 때에는 안전거리 확보에 신경을 쓰지 않아도 된다.
③ 다른 차의 정상적인 통행에 장애를 줄 우려가 있을 때는 진로를 변경하여서는 안 된다.
④ 운전자는 차를 갑자기 정지시키거나 속도를 줄이는 등의 급제동을 하여서는 안 된다.

문제 03 운송사업자가 허가사항을 변경하려할 때, 대통령령으로 경미한 사항을 변경하기 위해 신고로 갈음할 수 있는 대상이 아닌 것은?
① 상호의 변경
② 화물취급소의 설치 또는 폐지
③ 화물자동차의 대폐차(代廢車)
④ 관할관청의 행정구역 외에서의 주사무소의 이전

문제 04 자동차 튜닝검사 신청서류가 아닌 것은?
① 보험가입증명서
② 튜닝 전후의 주요제원대비표
③ 자동차등록증
④ 튜닝하고자 하는 구조·장치의 설계도

문제 05 A가 산 자동차의 제작일은 2014년 4월 23일인데, A는 이 자동차를 2015년 1월 15일에 등록하였다. 이 자동차의 차령기산일은?

① 2014년 4월 23일
② 2014년 12월 31일
③ 2015년 1월 15일
④ 2015년 12월 31일

문제 06 화물자동차운수사업법령에서 정한 공제조합의 사업에 해당하지 않는 것은?

① 조합원의 사업용 자동차의 사고로 생긴 배상 책임 및 적재물 배상에 대한 공제
② 경영자와 운수종사자의 교육훈련
③ 조합원이 사업용 자동차를 소유·사용·관리하는 동안 발생한 사고로 그 자동차에 생긴 손해에 대한 공제
④ 운수종사자가 조합원의 사업용 자동차를 소유·사용·관리하는 동안에 발생한 사고로 입은 자기 신체의 손해에 대한 공제

문제 07 시·도지사가 대기질 개선을 위하여 필요하다고 인정하여 그 지역에서 운행하는 자동차 중 일정 요건을 갖춘 자동차 소유자에 대하여 취하도록 하는 조치에 해당하지 않는 것은?

① 저공해자동차로의 전환
② 배출가스저감장치의 부착
③ 저공해엔진으로의 개조
④ 원동기장치자전거 구매

문제 08 교통사고를 일으켜 5주 이상의 치료가 필요한 상해를 입힌 자가 받아야 하는 검사는?

① 운전적성 정밀검사 중 갱신검사
② 운전적성 정밀검사 중 특별검사
③ 운전적성 정밀검사 중 유지검사
④ 운전적성 정밀검사 중 신규검사

문제 09 교통사고 발생 시부터 72시간 이내에 피해자가 사망한 경우 사망자 1명당 가해자에게 부과되는 벌점은?

① 50점　　　② 70점
③ 90점　　　④ 110점

문제 10 화물자동차의 공영차고지 설치자가 아닌 자는?

① 경찰서장　　　② 시장
③ 군수　　　　　④ 구청장

문제 11 교통사고처리특례법 적용 배제 사유가 아닌 것은?

① 신호위반사고
② 무면허운전사고
③ 교차로 내 사고
④ 앞지르기 금지장소 위반사고

문제 12 대기환경보전법상 용어의 정의 중 연소할 때에 생기는 유리(遊離) 탄소가 주가 되는 미세한 입자상 물질은?

① 수소　　　② 액체성 물질
③ 매연　　　④ 가스

문제 13 도로법령상 도로관리청이 운행을 제한할 수 있는 차량이 아닌 것은?

① 차량의 길이가 17.5m인 차량
② 차량의 폭이 3.0m인 차량
③ 차량의 높이가 3.0m인 차량
④ 차량의 총 중량이 42톤인 차량

문제 14 보험 등 의무가입자 및 보험회사 등이 책임보험계약 등의 전부 또는 일부를 해제하거나 해지할 수 있는 경우가 아닌 것은?

① 화물자동차 운송사업의 허가가 취소되거나 감차 조치 명령을 받은 경우
② 적재물배상보험 등에 이중으로 가입되어 하나의 책임보험계약들을 해제하려는 경우
③ 화물자동차 운송가맹사업의 증차로 인한 허가사항이 변경된 경우
④ 보험회사 등이 파산 등의 사유로 영업을 계속할 수 없는 경우

문제 15 자동차만 다닐 수 있도록 설치된 도로는?

① 자동차유일도로
② 자동차전용도로
③ 자동차전속도로
④ 자동차통용도로

문제 16 다음 중 횡단보도 보행자 보호의무 위반사고인 것은?

① 횡단보도에 드러누워 있는 사람을 치상한 사고
② 횡단보도 내에서 택시를 잡기 위하여 서 있는 사람을 치상한 사고
③ 횡단보도 내에서 교통정리하는 경찰관을 치상한 사고
④ 자전거를 끌고 횡단보도를 횡단하는 사람을 치상한 사고

문제 17 화살표 등화의 신호에 해당하지 않는 것은?

① 녹색화살표의 등화
② 적색화살표의 등화
③ 녹색화살표 등화의 점멸
④ 적색화살표 등화의 점멸

문제 18 화물자동차 운수사업법령에서 화물자동차 1대를 사용하여 화물을 운송하는 사업은?

① 개인화물자동차 운송사업
② 특수화물자동차 운송사업
③ 화물자동차 운송주선사업
④ 일반화물자동차 운송사업

문제 19 화물자동차 운수사업법의 목적으로 적절하지 않은 것은?

① 공공복리 증진
② 화물의 원활한 운송
③ 운수사업의 효율적 관리
④ 화물자동차 운수사업자의 이익 극대화

문제 20 자동차관리법령상 캠핑용 트레일러가 해당되는 자동차의 종류는?

① 승용자동차　　　② 승합자동차
③ 화물자동차　　　④ 이륜자동차

문제 21 도로법에 규정된 내용이 아닌 것은?

① 도로에 관한 계획의 수립　　② 노선의 지정 또는 인정
③ 자동차의 정기점검　　　　　④ 도로의 관리

문제 22 비가 내려 노면이 젖어 있거나, 겨울철 눈이 20mm 미만 쌓인 경우 운행속도는?

① 최고속도의 10/100을 줄인 속도
② 최고속도의 20/100을 줄인 속도
③ 최고속도의 50/100을 줄인 속도
④ 최고속도의 90/100을 줄인 속도

문제 23 운전면허 행정처분을 위한 법정기준 중 틀린 것은?

① 벌점 산정 시 처분받을 운전자 본인의 피해에 대하여는 벌점을 1/2로 감경한다.
② 자동차등 대 자동차등 교통사고의 경우 그 사고원인 중 중한 위반행위를 한 운전자만 벌점을 부과한다.
③ 자동차등 대 사람 교통사고의 경우 행정과실인 때에는 그 벌점을 1/2로 감경한다.
④ 교통사고 발생 원인이 불가항력적인 경우 행정처분을 하지 아니한다.

문제 24 화물자동차 운전자의 화물운송종사자격이 취소되거나 효력이 정지한 경우 화물운송종사자격증명을 어디에 반납해야 하는가?

① 국토교통부
② 협회
③ 한국교통안전공단
④ 관할관청

문제 25 자동차관리법에 따른 명령이나 자동차 소유자의 신청을 받아 비정기적으로 실시하는 검사는?

① 정기검사
② 임시검사
③ 신규검사
④ 튜닝검사

문제 26 고가품을 배송의뢰한 고객의 운송장 기재 시 유의사항에 대한 설명으로 틀린 것은?

① 고가품목의 물품가격을 정확히 확인하여 기재한다.
② 박스를 개봉하여 고가품목의 내용물을 철저히 확인한다.
③ 고가품목 배송에 대한 할증료를 청구한다.
④ 할증료를 거절한 경우에는 특약사항을 설명하고 보상한도에 대해 서명을 받는다.

문제 27 택배 표준약관상 운송물 훼손에 대한 손해배상을 받기 위해서는 수하인이 운송물을 수령한 날로부터 며칠 이내에 운송사업자에게 통지하여야 하는가?

① 7일
② 14일
③ 21일
④ 28일

문제 28 팔레트 화물 붕괴방지 요령 중 화물 적재 시 팔레트의 가장자리를 높게 하여 포장화물을 안쪽으로 기울여 화물이 갈라지는 것을 방지하는 방식은?

① 밴드걸기 방식
② 주연어프 방식
③ 슬립멈추기 시트삽입방식
④ 풀붙이기 접착방식

문제 29 화물의 인수요령으로 옳지 않은 것은?

① 인수(집하) 예약은 운송장에 기재한다.
② 전화로 발송한 물품을 접수받을 때 반드시 집하 가능한 일자와 고객의 배송 요구 일자를 확인한다.
③ 0월 0일 0시까지 배달 등 조건부 운송물품 인수를 금지한다.
④ 운송장을 작성하기 전에 물품의 성질 등을 고객에게 통보하고 상호 동의가 되었을때 운송장을 작성한다.

문제 30 오배달 또는 지연배달 사고의 원인이 아닌 것은?

① 수령인 부재 시 임의장소에 화물을 두고 간 후 미확인
② 수령인의 신분 확인 없이 화물을 인계한 경우
③ 화물터미널에서의 화물의 체계적인 분류
④ 당일 미배송 화물에 대한 별도 관리 미흡

문제 31 세미 트레일러(Semi trailer)의 특징으로 잘못 설명된 것은?

① 기둥, 통나무 등 장척의 적하물 자체가 트렉터와 트레일러의 연결부분을 구성하는 구조의 트레일러이다.
② 가동 중인 트레일러 중에서 가장 많고 일반적인 트레일러이다.
③ 발착지에서의 트레일러 탈착이 용이하고 공간을 적게 차지해서 후진하는 운전을 하기가 쉽다.
④ 트렉터에 연결하여 송하중의 일부분이 견인하는 자동차에 의해서 지탱되도록 설계된 트레일러이다.

문제 32 스티커형 운송장에 대한 설명으로 틀린 것은?

① 동일 수하인에게 다수의 화물이 배달될 때 운송장에는 간단한 기본적인 내용과 원운송장을 연결시키는 내용만 기록한다.
② 스티커형 운송장은 라벨 프린트기를 설치하고 자체 정보시스템에 운송장 발행 시스템 등 별도의 시스템이 필요하다.
③ 화물의 출고정보가 운송회사의 호스트로 전송되어야 하므로 기업고객도 운송장의 출하를 바코드로 스캐닝하는 시스템을 운영해야 한다.
④ 화물에 부착된 스티커형 운송장을 떼어내어 배달표로 사용할 수 있는 운송장도 있다.

문제 33 수송 중에 화물이 무너지는 것을 방지할 목적으로 개발된 합리적 특장차는?

① 돌리
② 스태빌라이저 차량
③ 시스템 차량
④ 픽업

문제 34 화물의 하역방법으로 적절하지 않은 것은?

① 상자로 된 화물은 취급표지에 따라 다루어야 한다.
② 길이가 고르지 못하면 한쪽 끝이 맞도록 한다.
③ 종류가 다른 것을 적치할 때는 가벼운 것을 밑에 쌓는다.
④ 물품을 야외에 적치할 때에는 밑받침을 하고 덮개로 덮는다.

문제 35 발판을 활용한 화물 이동 시 주의사항에 대한 설명으로 틀린 것은?

① 발판 자체에 결함이 없는지 확인한다.
② 발판이 움직이지 않게 하기 위해 목마 위에 설치하는 행동을 하여서는 안 된다.
③ 발판을 통행할 때에는 반드시 1명만이 통행토록 한다.
④ 발판 상·하 부위에 고정조치를 철저히 하도록 한다.

문제 36 **택배운송장 부착요령으로 맞지 않는 것은?**
① 취급주의 스티커는 운송장 바로 우측 옆에 붙여서 눈에 띄게 한다.
② 기존에 사용한 박스를 사용할 때에는 과거 운송장은 폐기하지 않아도 된다.
③ 박스물품이 아닌 경우에는 운송장이 떨어지지 않도록 테이프 등을 이용하여 바코드가 가려지지 않도록 부착한다.
④ 운송장이 떨어질 염려가 있는 경우 송하인의 동의를 얻어 포장지에 수하인의 주소, 전화번호 등을 기재한다.

문제 37 **독극물 취급 시 주의사항으로 적절하지 않은 것은?**
① 독극물 저장소, 드럼통, 용기, 배관 등은 내용물을 알 수 있도록 확실하게 표시하여 놓는다.
② 독극물이 들어 있는 용기는 마개를 단단히 닫고 빈 용기와 확실하게 구별하여 놓는다.
③ 도난방지 및 오용(誤用) 방지를 위해 보관을 철저히 한다.
④ 만약 독극물이 새거나 엎질러졌을 때는 안전을 위하여 독성이 사라지도록 일정 시간이 지난 후 처리한다.

문제 38 **이사화물 표준약관상 운송사업자가 인수를 거절할 수 있는 화물이 아닌 것은?**
① 현금, 유가증권, 귀금속, 예금통장, 신용카드, 인감 등 고객이 휴대할 수 있는 귀중품
② 화물의 종류, 부피 등에 따라 운송에 적합하도록 포장한 물건
③ 위험물, 불결한 물품 등 다른 화물에 손해를 끼칠 염려가 있는 물건
④ 동식물, 미술품, 골동품 등 운송에 특수한 관리를 요하기 때문에 다른 화물과 동시에 운송하기에 적합하지 않은 물건

문제 39 **화물의 적재방법에 대한 설명으로 옳은 것은?**
① 이동거리가 짧을 경우 결박상태 확인을 생략한다.
② 소화전, 배전함 앞에서 적재한다.
③ 적재물품의 붕괴 여부를 상시 확인한다.
④ 적재중량을 초과하여 적재한다.

문제 40 물품 개개의 포장을 의미하는 포장 용어는?
① 내장   ② 외장   ③ 낱장   ④ 개장

문제 41 수막현상 형성과 관계가 없는 것은?
① 자동차의 속도   ② 신호기 설치 유무
③ 타이어의 마모 정도   ④ 도로의 포장상태

문제 42 교량과 교통사고의 관계에 대한 설명으로 틀린 것은?
① 교량 접근로 폭에 비하여 교량 폭이 좁을수록 교통사고위험이 더 높다.
② 교량 접근로 폭과 교량 폭 간의 차이는 교통사고위험에 영향을 미치지 않는다.
③ 교량 접근로 폭과 교량 폭이 같을 때 교통사고율이 가장 낮다.
④ 교량 접근로 폭과 교량 폭이 달라도 효과적인 교통통제시설 설치로 사고를 줄일 수 있다.

문제 43 자동차를 운행하고 있는 운전자가 교통상황을 알아차리는 운전특성을 무엇이라 하는가?
① 표적   ② 인지   ③ 판단   ④ 생각

문제 44 보행자 요인에 의한 교통사고에서 가장 큰 비중을 차지하는 요인은?
① 동작착오   ② 결정착오   ③ 판단착오   ④ 인지결함

문제 45 자동차의 장치 중 핸들에 의해 앞바퀴의 방향을 움직여서 자동차의 진행방향을 바꾸는 장치는?
① 주행장치   ② 가속장치   ③ 제동장치   ④ 조향장치

문제 46 교통사고 요인 중 운전자와 관련된 3가지 요인에 포함되지 않는 것은?

① 직접적 요인
② 간접적 요인
③ 중간적 요인
④ 예외적 요인

문제 47 자동차가 출발할 때 앞 범퍼 부분이 들리는 현상을 무엇이라 하는가?

① 노즈 업(Nose up)
② 다이브(Dive)
③ 바운싱(Bouncing)
④ 스쿼트(Squat)

문제 48 평면곡선부에서 자동차가 원심력에 대항할 수 있도록 하기 위하여 설치하는 것을 무엇이라 하는가?

① 시설한계
② 편경사
③ 종단경사
④ 정단경사

문제 49 고령자의 시각능력 중 시야가 좁아져서 시야 바깥에 있는 표지판, 신호, 보행자들을 발견하는 못하는 경우를 설명하는 것은?

① 원근 구별능력의 약화
② 시야 감소 현상
③ 동체시력의 약화
④ 대비능력 저하

문제 50 야간운전 시 도로에 무엇인가 있다는 것을 확인하기 쉬운 색깔부터 어려운 색깔 순서로 나열한 것은?

① 엷은 황색→흑색→흰색
② 엷은 황색→흰색→흑색
③ 흰색→흑색→엷은 황색
④ 흰색→엷은 황색→흑색

문제 51 피로가 운전기능에 미치는 영향 중 운전착오에 대한 설명으로 틀린 것은?
① 작업타이밍의 균형을 초래한다.
② 심야에서 새벽 사이에 많이 발생한다.
③ 각성수준이 저하된다.
④ 졸음과 관련된다.

문제 52 여름철 불쾌지수가 높아진 상태에서의 운전자 특성에 대한 설명 중 옳지 않은 것은?
① 난폭운전 경향이 높다.
② 다른 사람이 불쾌하지 않게 경음기 사용을 자제하는 경향이 있다.
③ 사소한 일에도 언성을 높이는 경향이 있다.
④ 수면 부족이 졸음운전으로 이어지기도 한다.

문제 53 위험물(가스) 수송차량의 운전자가 주의할 사항으로 옳지 않은 것은?
① 운행 및 주차 시의 안전조치와 재해발생 시에 취해야 할 조치를 숙지한다.
② 운송 중은 물론 정차 시에도 허용된 장소 이외에서는 흡연이나 그 밖의 화기를 사용하지 않는다.
③ 가스탱크 수리는 주변과 차단된 밀폐된 공간에서 한다.
④ 지정된 장소가 아닌 곳에서는 탱크로리 상호 간에 취급물품을 입·출하시키지 말아야 한다.

문제 54 제동 시 차량 쏠림현상이 발생하는 경우 조치방법이 아닌 것은?
① 타이어의 공기압 좌·우 동일하게 주입
② 좌·우 브레이크 라이닝 간극 재조정
③ P.T.O 스위치 교환
④ 브레이크 드럼 교환

문제 55 **자동차 운행 중 엔진과열 현상이 발생하였을 때 적절한 확인사항이 아닌 것은?**

① 냉각수의 양 확인
② 라디에이터의 손상 확인
③ 냉각 팬벨트의 손상 확인
④ 연료게이지의 손상 확인

문제 56 **엔진 매연 과다 발생현상에 대한 조치방법이 아닌 것은?**

① 에어 클리너 오염 확인 후 청소
② 에어 클리너 덕트 내부 확인(부풀음 또는 폐쇄 확인하여 흡입 공기량이 충분토록 조치)
③ 연료파이프 누유 및 공기유입 확인
④ 밸브간극 조정 실시

문제 57 **탱크로리의 위험물 운송과 관련된 주의사항으로 틀린 것은?**

① 빈 차의 경우 적재차량보다 차의 높이가 높게 되므로 적재차량이 통과한 장소라도 주의한다.
② 차를 수리할 때는 통풍이 양호한 장소에서 수리한다.
③ 저온 및 초저온 가스의 경우에는 가죽장갑 등을 끼고 작업한다.
④ 이송 후에는 밸브의 누출 여부에 관계없이 개폐는 신속히 한다.

문제 58 **일반적으로 중앙분리대를 설치하면 어떤 유형의 교통사고가 가장 크게 감소하는가?**

① 정면충돌사고
② 추돌사고
③ 직각충돌사고
④ 측면접촉사고

문제 59 **운행 중 추월방법에 대한 설명 중 맞는 것은?**

① 추월 후에 앞차에게 신호를 한다.
② 반드시 안전을 확인한 후 시행한다.
③ 추월은 아무데서나 가능하다.
④ 추월 시 최대 속도로 한다.

문제 60 **차량점검 및 주의사항으로 잘못된 것은?**
① 트랙터 차량의 경우 트레일러 브레이크만 사용하여 주차한다.
② 주차 브레이크를 작동시키지 않은 상태에서 절대로 운전석에서 떠나지 않는다.
③ 주차 시에는 항상 주차 브레이크를 사용한다.
④ 운행 전에 조향핸들의 높이와 각도가 맞게 조정되어 있는지 점검한다.

문제 61 **정상시력을 가진 사람의 시야범위는 얼마인가?**
① 약 100~120도
② 약 130~150도
③ 약 160~170도
④ 약 180~200도

문제 62 **평면교차로를 안전하게 통과하는 운전요령으로 틀린 것은?**
① 신호는 운전자 자신의 눈으로 확인한다.
② 직진할 경우에는 좌·우회전하는 차량에 주의한다.
③ 좌·우회전할 때에는 방향지시등을 정확히 켠다.
④ 교차로 내에 진입하였으나 황색신호이면 반드시 정차한다.

문제 63 **운전자가 위험을 인지하고 자동차를 정지하려고 시작하는 순간부터 자동차가 완전히 정지할 때까지 진행한 거리를 무엇이라 하는가?**
① 공주거리
② 정지거리
③ 작동거리
④ 제동거리

문제 64 **도로교통체계를 구성하는 요소에 속하지 않는 것은?**
① 도로 및 교통신호등 등의 환경
② 도로사용자
③ 교통경찰
④ 차량

문제 65 야간 안전운전요령에 대한 설명으로 틀린 것은?
① 차의 실내는 가급적 밝은 상태로 유지한다.
② 자동차가 교행할 때는 전조등을 하향 조정한다.
③ 주간에 비하여 속도를 낮추어 주행한다.
④ 해가 저물면 곧바로 전조등을 점등한다.

문제 66 물류시장의 경쟁 속에서 기업존속 결정의 조건에 대한 설명으로 틀린 것은?
① 사업의 존속을 결정하는 조건 중 하나는 매상증대이다.
② 사업의 존속을 결정하는 조건 중 하나는 비용감소이다.
③ 매상증대 또는 비용감소 중 어느 쪽도 달성할 수 없다면 기업이 존속하기 어렵다.
④ 매상증대와 비용감소를 모두 달성해야 기업 존속이 가능하다.

문제 67 로지스틱스 회사에서 고객만족을 통한 수요창출에 누구보다 중요한 위치를 적하고 있는 일선 근무자는?
① 최고경영자
② 임원
③ 운전자
④ 중간관리자

문제 68 물류의 주요기능과 거리가 먼 것은?
① 운송기능
② 포장기능
③ 제조기능
④ 하역기능

문제 69 다음 중 물류계획 수립의 3단계에 포함되지 않는 것은?
① 전략
② 운영
③ 전술
④ 통제

문제 70 통합판매·물류·생산시스템(CALS)의 도입에 있어 급변하는 상황에 민첩하게 대응하기 위한 전략적 기업제휴를 의미하는 것은?
① 벤처기업
② 가상기업
③ 한계기업
④ 상장기업

문제 71 화물자동차 운송의 효율성을 나타내는 지표 중에서 총주행거리에 대해 실제로 화물을 싣고 운행한 거리의 비율을 무엇이라 하는가?
① 실차율
② 적재율
③ 공차거리율
④ 가동률

문제 72 고객만족을 위한 서비스 품질로 볼 수 없는 것은?
① 기대품질
② 상품품질
③ 영업품질
④ 서비스 품질(휴먼웨어 품질)

문제 73 일반적인 물류의 발전과정으로 맞는 것은?
① 자사물류 → 물류자회사 → 제3자 물류
② 물류자회사 → 자사물류 → 제3자 물류
③ 자사물류 → 제3자 물류 → 물류자회사
④ 물류자회사 → 제3자 물류 → 자사물류

문제 74 주문상황에 대해 적기 수배송체제의 확립과 최적의 수배송계획을 수립함으로써 총 비용을 절감하려는 체제를 무엇이라 하는가?
① 화물정보시스템
② 터미널화물정보시스템
③ 수·배송관리시스템
④ 정보서브시스템

문제 75 자가용 화물운송과 비교할 때 사업용 화물운송의 장점에 해당하는 것은?
① 운임의 안정화가 곤란하다.
② 관리기능이 저해된다.
③ 수송비가 저렴하다.
④ 시스템의 일관성이 없다.

문제 76 제4자 물류의 개념을 설명한 내용과 거리가 먼 것은?
① 화주가 직접 물류를 처리한다.
② 공급사슬의 모든 활동과 계획관리를 전담한다.
③ 제3자 물류의 기능에 컨설팅 업무를 추가로 수행한다.
④ 광범위한 공급사슬의 조직을 관리한다.

문제 77 경제적 가치를 창출하는 곳이란 의미는 직업의 4가지 의미에서 어디에 해당되는가?
① 경제적 의미
② 철학적 의미
③ 정신적 의미
④ 사회적 의미

문제 78 주파수 공용통신(TRS)의 도입효과로 볼 수 없는 것은?
① 차량 위치추적기능의 활용으로 도착시간의 정확한 예측이 가능해진다.
② 배차 후 화주의 기착지 변경이나 취소에 따른 신속대응이 가능해진다.
③ 고장차량에 대응한 차량 재배치나 지연사유 분석이 가능해진다.
④ 화주의 요구에 신속한 대응 및 화물추적이 어렵다.

문제 79 고객의 물류클레임 중 제품의 품질만큼 중요하게 여기는 것과 거리가 먼 것은?
① 오품
② 파손
③ 고객응대
④ 오출하

문제 80 **화물차량 작업상 예상되는 어려움으로 볼 수 없는 것은?**

① 화물의 특수수송에 따른 운임에 대한 불안감
② 공로운행에 따른 타 차량과 교통사고에 대한 위기의식 잠재
③ 주·야간의 운행으로 불규칙한 생활의 연속
④ 차량의 장시간 운전으로 운전능력 향상

04 실전모의고사 4회 [해설과 정답]

해설 01 교통정리가 행해지고 있는 교차로는 서행하여야 하는 장소가 아니다.

해설 02 자동차 및 원동기장치자전거 운전자는 같은 방향으로 가고 있는 자전거 옆을 지날 때 그 자전거와의 충돌을 피할 수 있도록 거리를 확보하여야 한다.

해설 03 화물자동차운수사업법 제3조(화물자동차 운송사업의 허가 등) 조항에 의거 운송사업자가 허가사항을 변경하려면 국토교통부령으로 정하는 바에 따라 국토교통부장관의 변경허가를 받아야 한다. 다만, 대통령령으로 정하는 경미한 사항을 변경하려면 국토교통부령으로 정하는 바에 따라 국토교통부장관에게 신고하여야 한다.
경미한 사항 - 시행령 제3조(화물자동차 운송사업의 허가 및 신고 대상) 제2항
1. 상호의 변경
2. 대표자의 변경(법인인 경우만 해당한다)
3. 화물취급소의 설치 또는 폐지
4. 화물자동차의 대폐차(代廢車)
5. 주사무소·영업소 및 화물취급소의 이전. 다만, 주사무소의 경우 관할 관청의 행정구역 내에서의 이전만 해당한다.
→ 주사무소가 행정구역 외로 이전하는 경우는 허가를 받아야 한다.

해설 04 자동차의 튜닝 신청서류는 자동차등록증, 구조·장치변경승인서, 튜닝 전후의 주요제원대비표, 튜닝 전후의 자동차외관도(외관의 변경이 있는 경우에 한한다.), 튜닝하고자 하는 구조·장치의 설계도, 구조·장치변경작업완료증명서이다. 보험가입 여부는 확인하지 않아도 된다.

해설 05 차령기산일은 제작연도에 등록되었으면 신규등록일, 등록되지 않았으면 제작연도 말일이다. 문제의 경우 제작연도는 2014년인데 등록이 2015년이므로 2014년 말일이 차령기산일이된다.

해설 06 경영자와 운수종사자의 교육훈련은 협회가 담당하는 사업이다.

해설 07 대기환경보전법 제58조에 따라 시·도지사는 대기질 개선을 위해 자동차 소유자에게 저공해자동차로의 전환, 배출가스저감장치의 부착, 저공해엔진으로의 개조를 권고할 수 있다.

해설 08 운전적성 정밀검사 중 특별검사는 교통사고를 일으켜 사람을 사망하게 하거나 5주 이상의 치료가 필요한 상해를 입힌 사람, 과거 1년간 「도로교통법 시행규칙」에 따른 운전면허 행정처분기준에 따라 산출된 누산점수가 81점 이상인 사람이 받는 검사이다.

해설 09 사고 발생 시부터 72시간 이내에 피해자가 사망한 때에는 사망자 1명마다 90점의 벌점이 부과된다.

해설 10 화물자동차의 공영차고지는 시·도지사, 시장·군수·구청장이 설치하여 직접 운영하거나 임대할 수 있다.

해설 11 12대 중과실에 대한 문제이다. 교차로 내 사고는 12대 중과실사고에 해당하지 않는다.

해설 12 연소할 때 생기는 유리탄소가 주가 되는 미세한 입자상 물질을 매연이라 한다.

해설 13 축하중 10톤 초과, 총 중량 40톤 초과, 폭 2.5m, 높이 4m, 길이 16.7m를 초과하는 경우 도로관리청이 운행을 제한할 수 있다.

해설 14 운송가맹사업의 감차로 인한 허가사항 변경 시에만 해지 가능하다.

해설 15 자동차전용도로란 자동차만 다닐 수 있도록 설치된 도로를 말한다.

해설 16 이륜차를 끌고 횡단보도 보행 중 사고가 발생되면 보행자 보호의무 위반을 적용받는다.
자전거는 이륜차로 분류되어 있으므로 자전거를 끌고 횡단보도를 횡단하는 사람을 치상할 경우 횡단보도 보행자 보호의무 위반사고로 처리된다.

해설 17 녹색화살표 등화는 점멸되어서는 안 된다.

해설 18 화물자동차 1대를 사용하여 화물을 운송하는 사업을 개인화물자동차 운송사업이라 한다.
(화물자동차운수사업법 시행규칙 [별표 1] 화물자동차 운송사업의 허가기준(제13조 관련))

해설 19 화물자동차 운수사업법은 운수사업의 효율적 관리, 화물의 원활한 운송, 공공복리 증진을 목적으로 하는 법이다. 운수사업자의 이익과 관련된 사항을 법으로 규정하지는 않는다.

해설 20 자동차관리법상 캠핑용 자동차 또는 캠핑용 트레일러는 승합자동차로 구분되어 있다.

해설 21 자동차의 정기점검은 자동차관리법이 규정하는 사항이다.

해설 22 비가 내려 노면이 젖어 있거나, 겨울철 눈이 20mm 미만 쌓인 경우에는 최고속도의 20/100을 줄인 속도로 운행하여야 한다.

해설 23 교통사고로 인한 벌점 산정에 있어서 처분받을 운전자 본인의 피해에 대하여는 벌점을 산정하지 아니한다.

해설 24 사업의 양도·양수 신고를 하는 경우(상호가 변경되는 경우에만)와 화물자동차 운전자의 화물운송종사자격이 취소되거나 효력이 정지된 경우에는 관할관청에 화물운송종사자격증명을 반납하여야 한다.

해설 25 자동차관리법 또는 자동차관리법에 따른 명령이나 자동차 소유자의 신청을 받아 비정기적으로 실시

4. 실전모의고사 4회 [해설과 정답]

하는 검사를 임시검사라 한다.

해설 26 휴대폰 및 노트북 등 고가품의 경우 내용물이 파악되지 않도록 별도의 박스로 이중포장한다.

해설 27 운송물의 일부 멸실 또는 훼손에 대한 사업자의 손해배상책임은 수하인이 운송물을 수령한 날로부터 14일 이내에 그 일부 멸실 또는 훼손의 사실을 사업자에게 통지하지 아니하면 소멸한다.

해설 28 문제는 주연어프 방식에 대한 설명이다.

해설 29 인수(집하) 예약은 반드시 접수대장에 기재하여 누락되는 일이 없도록 한다.

해설 30 화물터미널에서 화물을 체계적으로 분류하면 오배달, 지연배달 사고를 방지할 수 있다.

해설 31 기둥, 통나무 등 장척의 적하물 자체가 트랙터와 트레일러의 연결부분을 구성하는 구조의 트레일러는 폴 트레일러(Pole trailer)이다.

해설 32 동일 수하인에게 다수의 화물이 배달될 때 간단한 기본적인 내용과 원운송장을 연결시키는 내용만 기록하는 경우에는 보조 운송장을 사용한다.

해설 33 스태빌라이저차는 보디에 스태빌라이저를 장치하고 수송 중의 화물이 무너지는 것을 방지할 목적으로 개발된 것이다.

해설 34 종류가 다른 것을 적치할 때는 무거운 것은 밑에, 가벼운 것은 위에 쌓는다.

해설 35 발판이 움직이지 않도록 목마 위에 설치하거나 발판 상·하 부위에 고정조치를 철저히 하도록 한다.

해설 36 기존에 사용하던 박스를 사용하는 경우에 구 운송장이 그대로 방치되면 물품의 오분류가 발생할 수 있으므로 반드시 구 운송장은 제거하고 새로운 운송장을 부착하여 1개의 화물에 2개의 운송장이 부착되지 않도록 한다.

해설 37 독극물이 새거나 엎질러졌을 때는 신속히 제거할 수 있는 안전한 조치를 하여 놓아야 한다.

해설 38 운송에 적합하도록 포장한 물건은 인수해야 한다.

해설 39
- 물건을 적재한 후에는 이동거리가 멀든 가깝든 간에 짐이 넘어지지 않도록 로프나 체인 등으로 단단히 묶어야 한다.
- 화물 적재 시에는 소화전, 배전함 등의 설비 사용에 장애를 주지 않도록 해야 한다.
- 적재품의 붕괴 여부를 상시 점검해야 한다.
- 차량에 물건을 적재할 때에는 적재중량을 초과하지 않도록 한다.

해설 40 물품 개개의 포장을 개장(個裝)이라 하며, 물품의 상품가치를 높이기 위해 또는 물품 개개를 보호하기 위해 적절한 재료, 용기 등으로 물품을 포장하는 방법 및 포장한 상태를 의미한다. 낱개포장(단위포장)이라고도 한다.

해설 41 수막현상은 자동차의 속도, 타이어의 마모 정도, 노면의 거칠기 등에 따라 다르게 나타난다. 신호기의 설치 유무와는 무관하다.

해설 42 교량의 접근로 폭과 교량 폭의 차이는 교통사고와 밀접한 관계에 있다.

해설 43 자동차를 운행하고 있는 운전자가 교통상황을 알아차리는 것을 인지라 한다.

해설 44 보행자 요인은 교통상황 정보를 제대로 인지하지 못한 경우가 가장 많다. 일본의 연구결과에 따르면 보행자 요인 중 인지결함이 약 58.6%의 비율로 가장 높이 나타났다고 한다.

해설 45 운전석에 있는 핸들(Steering Wheel)에 의해 앞바퀴의 방향을 틀어서 자동차의 진행방향을 바꾸는 장치를 조향장치라 한다.

해설 46 교통사고 요인 중 운전자 요인과 관련된 것은 간접적 요인, 중간적 요인, 직접적 요인이다.

해설 47 노즈 업(Nose Up)이란 자동차가 출발할 때 구동 바퀴는 이동하려 하지만 차체는 정지하고 있기 때문에 앞 범퍼 부분이 들리는 현상을 말한다. 스쿼트(Squat) 현상이라고도 한다.

해설 48 편경사란 평면곡선부에서 자동차가 원심력에 대항할 수 있도록 하기 위하여 설치하는 횡단경사를 말한다.

해설 49 시야가 좁아져서 시야 바깥에 있는 표지판, 신호, 보행자들을 발견하는 못하는 경우가 증가하는 현상을 시야(Visual field) 감소 현상이라 한다.

해설 50 야간에 하향 전조등만 있을 경우 무엇인가 있다는 것을 인지하는 경우 그 색깔은 흰색 – 엷은 황색 – 흑색의 순으로 흰색이 가장 인지하기 쉽고, 흑색이 가장 인지하기 어렵다.

해설 51 운전착오가 원인이 되어 작업타이밍의 "불"균형을 초래하게 된다.

해설 52 여름철 불쾌지수가 상승하면 불필요하게 경음기를 사용하는 경우가 많아진다.

해설 53 수리를 할 때에는 통풍이 양호한 장소에서 실시하여야 한다.

해설 54 P.T.O(Power Take Off : 동력인출장치) 스위치를 교환하는 것은 덤프의 작동이 불량한 경우이다.

해설 55 엔진과열과 연료게이지는 관계가 없다.

해설 56 연료파이프 누유 및 공기유입 확인은 엔진 시동이 꺼질 때의 조치방법이다.

4. 실전모의고사 4회 [해설과 정답]

해설 57 이송 전·후에 밸브의 누출 유무를 점검하고 개폐는 서서히 행하여야 한다.

해설 58 중앙분리대의 가장 큰 설치이유는 정면충돌사고를 물리적으로 차단하여 사고건수를 현저히 감소시키기 위한 것이다.

해설 59 추월은 앞지르기가 허용된 지역에서만 해야 한다.

해설 60 트랙터 차량의 경우 트레일러 주차 브레이크는 일시적으로만 사용하고 트레일러 브레이크만을 사용하여 주차하지 않도록 한다.

해설 61 정상적인 시력을 가진 사람의 시야범위는 180~200도이다.

해설 62 황색신호에 교차로 내에 남아 있게 되면 대단히 위험하므로 신속히 빠져나간다.

해설 63 운전자가 위험을 인지하고 자동차를 정지시키려고 시작하는 순간부터 자동차가 완전히 정지할 때까지의 시간을 정지시간이라고 하며, 이 시간 동안 진행한 거리를 정지거리라고 한다.

해설 64 도로교통체계를 구성하는 요소는 도로사용자, 환경, 차량이다.

해설 65 실내를 불필요하게 밝게 하지 않는다.

해설 66 매상증대와 비용감소 둘 중 하나라도 실현시킬 수 있다면 사업의 존속이 가능하다.

해설 67 고객만족을 위한 수요창출의 최첨단에 있고, 대고객서비스의 수준을 높이는 일선 근무자는 바로 운전자이다.

해설 68 물류는 운송, 포장, 보관, 하역, 정보, 유통가공 기능을 한다.

해설 69 물류계획수립 3단계는 전략 – 전술 – 운영이다.

해설 70 가상기업이란 급변하는 상황에 민첩하게 대응키 위한 전략적 기업제휴를 의미한다.

해설 71 주행거리에 대해 실제로 화물을 싣고 운행한 거리의 비율을 실차율이라 한다.

해설 72 고객만족을 위한 서비스 품질은 상품, 영업, 서비스 품질로 구분된다.

해설 73 제3자 물류의 발전과정은 자사물류(1자)→물류자회사(2자)→제3자 물류이다.

해설 74 수·배송관리시스템의 정의를 묻는 문제이다.

해설 75 사업용 화물운송의 장점은 수송비가 저렴하고 수송능력이 높다는 것이다.
나머지 보기는 모두 단점에 해당한다.

해설 76 화주가 직접 물류를 처리하면 제1자 물류이다.

해설 77 경제적 가치를 창출하는 곳으로서의 직업은 경제적 의미를 나타낸다.

해설 78 주파수 공용통신의 도입효과
- 메시지 전달, 화물추적기능으로 지연사유 분석이 가능해져 표준운행기록 가능
- 배차계획의 수립과 수정이 가능
- 차량 위치추적 가능으로 도착시간 예측, 고장차량의 재배치 및 분실화물 추적, 책임자 파악이 가능

해설 79 고객의 물류클레임 중 제품의 품질만큼 중요하게 여기는 것으로는 오손, 파손, 오품, 수량오류, 오량, 오출하, 전표오류, 지연 등이 있다.

해설 80 차량의 장시간 운전으로 제한된 작업공간이 부족(차내 운전)한 것은 화물차량 작업상 예상되는 어려움이다. 운전능력이 향상되는 것은 어려움이라 볼 수 없다.

[정답]

1	2	3	4	5	6	7	8	9	10
④	②	④	①	②	②	④	②	③	①
11	12	13	14	15	16	17	18	19	20
③	③	③	③	②	④	③	①	④	②
21	22	23	24	25	26	27	28	29	30
③	②	①	④	②	②	②	②	①	③
31	32	33	34	35	36	37	38	39	40
①	①	②	③	②	②	④	②	③	④
41	42	43	44	45	46	47	48	49	50
②	②	②	④	④	④	①	②	②	④
51	52	53	54	55	56	57	58	59	60
①	②	③	③	④	③	④	①	②	①
61	62	63	64	65	66	67	68	69	70
④	④	②	③	①	④	③	③	④	②
71	72	73	74	75	76	77	78	79	80
①	①	①	③	③	①	①	④	③	④

저자소개

저자 : 양재호

■ 학력
  인천대학교 건설환경공학과 박사(교통공학전공)
  한양대학교 도시공학과 석사(교통공학전공)
  한양대학교 교통공학과 학사

■ 경력
  現) 인천대학교 건설환경공학과 겸임교수
  現) 트랜스에듀 대표강사
  現) 대한교통학회 종신회원
  現) 한국도로학회 종신회원
  現) 한국ITS학회 종신회원
  現) 대한국토도시계획학회 정회원

  인천광역시 공공디자인위원회 교통분야 심의위원
  인천광역시 교통연수원 교재편찬위원회 심의위원
  인천광역시 교통연수원 외래강사
  인천광역시 교통영향평가 심의위원
  인천광역시 주민참여예산제도 건설교통분과 예산위원
  서울특별시 금천구 도시계획위원회 심의위원
  서울특별시 민방위교육 교통안전분과 심의위원
  경기도 제안심사위원회 심사위원
  인천도시공사 기술자문위원
  한국교통안전공단 인천지사 외래교수
  서울특별시교통연수원 외래강사
  경기도교통연수원 외래강사

  인천대학교 공학기술연구소 연구교수
  한양대학교 교통물류공학과 연구교수
  인천교통공사 교통연수원 전임교수
  인천대학교 도시과학연구원 연구원
  인천교통공사 사원

■ 저서
  교통용어정보사전(골든벨, 2014)
  교통기사 필기ㆍ실기(예문사, 2015)
  교통경찰 특별채용 구술실기(예문사, 2015)
  화물운송종사자격시험 핵심문제(예문사, 2015)
  버스운전자격시험 핵심문제(예문사, 2015)
  화물운송종사자격시험 3일만에끝내기(예문사, 2016)
  버스운전자격시험 3일만에끝내기(예문사, 2016)
  서울도시철도공사 교통공학 교통계획(예문사, 2016)
  No.1교통기사 필기(예문사, 2016)
  No.1교통기사 실기(예문사, 2016)

  교통경찰특채 합격비법서(트랜북스, 2016)
  2017 교통경찰특채 합격비법서(트랜북스, 2016)
  서울메트로 필기시험 교통공학(서원각, 2017)
  No.1 양재호의교통기사필기(예문사, 2017)
  No.1 양재호의교통기사실기(예문사, 2017)
  No.1 양재호의도시계획기사필기(예문사, 2017)
  No.1 양재호의도시계획기사필기기출해설편(예문사, 2017)
  2018 양재호의 교통기사 필기(예문사, 2018)
  2018 양재호의 교통기사 실기(예문사, 2018)
  No.1 양재호의도시계획기사필기(예문사, 2018)
  No.1 양재호의도시계획기사필기기출해설편(예문사, 2018)
  화물운송종사자격시험 3일만에 끝내기(예문사, 2018)
  버스운전자격시험 3일만에 끝내기(예문사, 2018)
  대구도시철도공사 필기시험 교통공학 기출문제
  복원 및 해설(14,15,16,17년도)(이클래스마켓,2018)
  경기도교통시설직 기출문제 복원 및 해설
  (15,16,17,18년도)(이클래스마켓,2018)
  2017년도 상반기 교통안전공단 연구교수 6급 교통
  필기시험 기출문제 복원 및 해설(이클래스마켓,2018)
  양재호의 버스운전자격시험(트랜북스, 2019)
  양재호의 화물운송종사자격시험(트랜북스, 2019)
  양재호의 택시운전자격시험(트랜북스, 2021)
  양재호의 도시계획기사 필기 기출편(트랜북스, 2021)
  양재호의 도시계획기사 필기 이론편(트랜북스, 2021)
  양재호의 교통기사 필기 기출편(트랜북스, 2021)
  양재호의 교통기사 필기 이론편(트랜북스, 2021)
  양재호의 교통기사 실기 (트랜북스, 2021)
  양재호의 버스운전자격시험(트랜북스, 2021)
  양재호의 화물운송종사자격시험(트랜북스, 2021)
  양재호의 도시계획기사 필기 기출편(트랜북스, 2022)
  양재호의 도시계획기사 필기 이론편(트랜북스, 2022)
  양재호의 교통기사 필기 기출편(트랜북스, 2022)
  양재호의 교통기사 필기 이론편(트랜북스, 2022)
  양재호의 교통기사 실기(트랜북스, 2022)
  공무원 도시계획 기출문제 해설(트랜북스, 2022)
  공무원ㆍ공기업 교통공학 기출문제 복원 및 해설(트랜북스, 2022)
  양재호의 도시계획기사 필기 기출편(트랜북스, 2023)
  양재호의 도시계획기사 필기 이론편(트랜북스, 2023)
  양재호의 교통기사 필기 기출편(트랜북스, 2023)
  양재호의 교통기사 필기 이론편(트랜북스, 2023)
  양재호의 교통기사 실기(트랜북스, 2023)
  양재호의 도시계획기사 필기 기출편(트랜북스, 2024)
  양재호의 도시계획기사 필기 이론편(트랜북스, 2024)
  양재호의 교통기사 필기 기출편(트랜북스, 2024)
  양재호의 교통기사 필기 이론편(트랜북스, 2024)
  양재호의 교통기사 실기(트랜북스, 2024)
  양재호의 교통기사 필기 이론편(트랜북스, 2025)
  양재호의 도시계획기사 필기 이론편(트랜북스, 2025)

• 유튜브 : 양재호의 도시교통
• 네이버 카페 : http://www.truckbustaxi.com

양재호의 화물운송종사 자격시험

발 행 일		
	2019년 01월 15일	1판 1쇄 발행
	2019년 03월 30일	1판 2쇄 발행
	2019년 07월 30일	1판 3쇄 발행
	2019년 11월 09일	1판 4쇄 발행
	2020년 05월 06일	1판 5쇄 발행
	2020년 08월 04일	1판 6쇄 발행
	2021년 01월 31일	2판 1쇄 발행
	2021년 09월 30일	2판 2쇄 발행
	2023년 03월 31일	3판 1쇄 발행
	2024년 10월 31일	4판 1쇄 발행

저 자	양재호
발 행 인	조정연
기획/제작/마케팅	양재호
발 행 처	트랜북스
주 소	인천광역시 남동구 청능대로 596
홈 페 이 지	https://smartstore.naver.com/tranbooks
I S B N	979-11-93643-24-2 (13550)
값	18,000원

※ 이 책은 대한민국 저작권법의 보호를 받는 저작물입니다.
　트랜북스의 허락 없이 이 책의 일부나 전체를 어떠한 형태로도 가공, 수정 및 재배포 할 수 없으며, 특히 교재를 활용한 동영상강의 등의 2차 가공을 엄격히 금합니다.
※ 낙장 및 파본은 구입하신 서점에서 바꿔드립니다.